工业设计专业系列教材

交 互 设 计

韦艳丽　编著

电子工业出版社

Publishing House of Electronics Industry

北京 · BEIJING

内 容 简 介

本书理论和实践相结合，系统阐述了交互设计的理论、原理与方法、交互行为与交互形式、交互需求与用户研究，梳理了交互系统的设计流程与方法，并通过设计案例讲解交互设计的实现过程。全书共六章，第1章是交互设计概论，概述交互设计的概念、特征、应用、发展和体系；第2章是交互设计的原理与方法，阐述了用户体验、需求层次、非物质性和信息可视的交互设计原理，以及以用户为中心、以活动为中心、以测试为中心和以目标为导向的设计方法；第3章是交互行为与交互形式，归纳讲解了交互行为的类型和模式，解构了用户的感知、注意、记忆和反馈等交互行为及交互行为的引导方式，系统梳理了媒介下的交互形式和认知下的交互形式；第4章是交互需求与用户研究，系统讲解如何进行市场调查、设计需求分析和用户研究；第5章是交互系统的设计，分解了交互系统的需求分析、用户研究、概念设计、信息架构、原型设计、交互形式、视觉设计、程序实现和测试上线的设计过程；第6章是交互系统的实现，基于交互系统的设计流程，针对Web端、移动端、智能产品三类平台，通过案例系统讲解交互系统的实现过程。

为便于深入学习和理解书中内容，本书在各章节后都附有课后习题。

本书可作为高等院校工业设计、艺术设计、软件工程、计算机或其他相关专业的交互设计教材，亦可作为培训班教材或相关领域人员的参考书。

图书在版编目（CIP）数据

交互设计 / 韦艳丽编著. —北京：电子工业出版社，2021.8

ISBN 978-7-121-41816-7

Ⅰ. ①交… Ⅱ. ①韦… Ⅲ. ①人机界面－程序设计－高等学校－教材 Ⅳ. ①TP311.1

中国版本图书馆CIP数据核字（2021）第169611号

责任编辑：赵玉山

印　　刷：北京缤索印刷有限公司

装　　订：北京缤索印刷有限公司

出版发行：电子工业出版社

　　　　　北京市海淀区万寿路173信箱　　邮编：100036

开　　本：787×1092　1/16　印张：11.25　字数：288千字

版　　次：2021年8月第1版

印　　次：2024年6月第4次印刷

定　　价：59.00元

凡所购买电子工业出版社图书有缺损问题，请向购买书店调换。若书店售缺，请与本社发行部联系，联系及邮购电话：（010）88254888，88258888。

质量投诉请发邮件至zlts@phei.com.cn，盗版侵权举报请发邮件至dbqq@phei.com.cn。

本书咨询联系方式：（010）88254556，zhaoys@phei.com.cn。

前 言

　　信息技术和人工智能的发展，改变了人们的沟通、交流与生活模式，人与人、人与物，甚至物与物之间的关系产生巨大的变化。20世纪80年代，交互设计作为一个独立的设计领域被正式提出，日益受到人们的重视，随着应用的普及，逐渐形成一个专业领域。交互，就是相互作用，在人们使用产品时，人和产品之间就产生了交互关系；设计，就是理解和表达。交互设计不是现在才有的，而是一直都存在的。在传统工业模式下，人与物之间的关系相对简单，如早期的电饭锅只有一个按键，开始煮米饭时按下开启键，当按键自动弹起时表示米饭已经煮熟，产品的功能单一，人与产品的交互模式相对简单。人们对生活品质的追求和新技术的发展，赋予了产品更多的功能，现在的电饭锅不仅能煮米饭，还能熬粥、煲汤甚至做蛋糕等，人们面临多种选择，人与产品之间的关系变得复杂，如何有效地理解人们获取和处理信息的机制与能力，从而设计相应的智能交互系统变得更加重要。

　　交互设计是人工制品、环境和系统的行为，以及传达这种行为的外形元素的设计与定义。传统设计学科主要关注形式，交互设计更加关注内容和内涵，首先旨在规划和描述事物的行为方式，然后描述传达这种行为的最有效形式。从用户角度看，交互设计是一种如何让产品易用、有效且让人愉悦的技术。它致力于了解目标用户及其期望，了解用户在同产品交互时彼此的行为，了解人本身的心理和行为特点，同时，还包括了解各种有效的交互方式，并对它们进行增强和扩充。如同用户对交通工具的需求，用户究竟是需要一辆汽车还是一匹跑得更快的马，事实上用户需要的是如何快捷和舒适地位移，位移的方式可以通过汽车、马、火车，甚至共享单车或其他方式等进行，而交互设计就是去构建愉悦的需求关系。

　　交互设计不仅要解决人与物之间的关系，还要解决人与环境、人与人、物与物之间的关系。北京的四合院曾经被奉为经典建筑，这种建筑空间模式，有效地解决了封建社会下复杂的家庭关系，但并不适用于现代人的生活模式。随着时代的发展，人与人之间沟通与交流的方式也产生了很大的变化，呈现多元化的沟通交流方式，如一对一、一对多、多对多，甚至自己面对自己。微信就是基于这种需求而产生的，迎合当下人们的交流与表达需求，于是很多人不再用写日记去记录生活点滴，而是去发朋友圈。同样的沙发，适合放置在咖啡厅而并不适合放置在快餐店，快餐店的椅子给用户带来的舒适度通常最多 1 小时，1 小时后几乎就要起身活动或离开。观看足球比赛时，人们宁愿拎着马扎去也不会扛着沙发去。环境不同、时间不同，人的需求也将产生变化，因此要通过有效的交互设计达到关系的优化，从而带来良好的用户体验。

在智能化和大数据时代环境背景下，从理论到实践，探索媒介交互的哲理和应用，在设计进入非物质化设计时代，通过交互设计优化人与物、物与物，甚至人与人之间的需求与关系，为人们提供更好的产品与服务，而最好的交互设计就是人们在通过媒介交流时，感受不到交互的存在。

本书的编写与出版得到了合肥工业大学研究生质量工程项目的资助，合肥工业大学建筑与艺术学院交互设计工作室的研究生们参与了该项目的研究。在出版过程中，得到好友廖宏欢的热情帮助，感谢电子工业出版社和赵玉山编辑的鼎力支持，在此一并表示衷心的感谢！

由于编写水平和时间所限，书中不足之处敬请广大读者批评指正，以臻完善。

韦艳丽
于合肥工业大学逸夫建筑艺术馆
2021 年 5 月

目　录

第 5 章

交互系统的设计 ·········· 100

第 6 章

交互系统的实现 ·········· 143

第1章
交互设计概论

20世纪末，市场上存在大量基于传统工业生产的产品，虽然其采用了计算机芯片，但并没能让用户感受到工作效率的提高，反而在使用过程中暴露出很多问题，在此背景下，交互设计这一概念被提出。本章从交互设计的概念、特征、应用、发展和体系出发，追溯总结交互设计的来源、定义和意义，系统梳理交互设计的特征，归纳分析交互设计在社会生活当中的应用，探讨交互设计的发展历程及国内外发展的现状和未来发展的前景，分析交互设计与其他设计领域之间的相互联系。

1.1 交互设计的概念

随着计算机科学技术的产生与发展，交互设计最初是以界面设计和图形设计的形式产生并蓬勃发展的。直到20世纪80年代，交互设计作为一个独立的设计领域被正式提出，并日益受到人们的重视。交互设计，尤其是数字产品的交互设计，随着应用的普及，逐渐形成一个专业领域。交互，就是相互作用，在人们使用产品时，人和产品之间也就产生了所谓的交互关系；设计，就是理解和表达。智能产品和传统机械产品的主要区别是用户对智能产品的认知主要基于对信息的阅读和加工，如何有效地理解人类获取处理信息的机制和能力，从而设计相应的智能交互系统变得极其重要。

1.1.1　交互设计的提出

1946 年，人类发明了第一台电子计算机，早期的计算机体积庞大，使用领域也很有限，主要用来编写程序和执行处理命令，所以它的使用者主要是一些相关领域的技术工程师、专家、科学家等。随着时代的演变、科学技术的发展，计算机不仅在专业领域有需求，还被广泛运用到人们日常生活和工作的各个领域，计算机产品几乎可以用来完成人们想要达到的任何事情。如今的计算机小巧、轻便，芯片的科技含量越来越高，使用者不仅有专业用户，也有普通用户。随着互联网技术的发展，用户群体越来越广，需求也越来越复杂。以前的计算机使用不方便，需要通过培训学习，才能够正常使用，如今从用户的角度出发，认为它应该学习起来很容易，操作起来很方便，使用起来更舒适。从人类历史发展的角度来看，计算机作为一种工具应该更好地为人类服务，而不是让人们去学习和适应它。

美国数学家阿兰·库珀（Alan Cooper）最早提出"认知摩擦"这一概念，认为认知摩擦是当人类智力面对随问题变化而变化的复杂系统规则时遇到的阻力，是产品设计不良的表现。计算机技术刚开始被运用到产品中，只是在技术层面被简单拼装，不管这个技术是否合适与需要。因此，带来了很多的问题，有些可能是致命性的。这些问题促进了一种新的设计的诞生，它必须了解用户的目标，研究用户的特征，从而构建系统性的行为，更有效地去满足人们的需求，这就是交互设计。交互设计作为一门关注交互体验的新学科产生于 20 世纪 80 年代，它由 IDEO 公司的创始人之一比尔·摩格里奇（Bill Moggridge）在 1984 年的国际设计会议上提出，他一开始给它命名为"软面（Soft Face）"，由于这个名字容易让人想起当时流行的玩具"椰菜娃娃（Cabbage Patch doll）"，后来把它更名为"Interaction Design"，即交互设计。

1.1.2　交互设计的定义

"交互设计"这一词的重点在于"交互"，可将它拆分为互相和动作，以及交互性。互相和动作，指通过了解用户的期望，从而设计相应的交互行为让用户和产品有效地相互沟通，达到用户的目的；交互性则不仅限于产品的技术系统，还包括其他非电子类产品、服务和组织。传统上的交互被称为人机交互，包括三个要素，即人、机和两者之间的交互，也称为 HCL。随着时代的发展，交互的范围在逐渐扩展，包括使用基于数字技术开发的产品、信息或服务，以提供给用户更好的服务体验。交互设计是一种如何让产品易用、有效而让人愉悦的技术，它致力于了解目标用户和他们的期望，了解用户在与产品交互时彼此的行为，了解用户的心理和行为特点，同时，还包括了解各种有效的交互方式，并对他们进行增强和扩充。

自比尔·摩格里奇（Bill Moggridge）明确提出"交互设计"这一词以来，迄今为止这一概念没有统一的定义，不同的学者对交互设计这一概念也有着不同的定义，如表 1.1 所示。

表 1.1 交互设计的定义

出　　处	定　　义
阿兰·库珀（Alan Cooper）美国数学家	交互设计是人工制品、环境和系统的行为，以及传达这种行为的外形元素的设计与定义。传统设计学科主要关注形式，交互设计更加关注内容和内涵，首先旨在规划和描述事物的行为方式，然后描述传达这种行为的最有效形式
唐纳德·诺曼（Donald Arthur Norman）美国认知心理学家、计算机工程师	交互设计是人类交流和交互空间的设计，是用户在使用产品过程中能感受到的一种体验，是由人和产品之间的双向交流所带来的，具有浓厚的情感成分
海伦·夏普（Helen Sharp）英国开放大学软件工程教授	交互设计是人类交流和交互空间的设计，是创建新的用户体验，增强和扩充人们工作、通信及交互的方式，设计支持人们日常工作与生活的交互式产品

1.1.3 交互设计的意义

随着网络和信息技术的发展，各种新产品和交互方式越来越多，人们也越来越重视对交互的体验。当大型计算机刚刚研制出来的时候，可能认为当时的使用者就是该行业的专家，因此没有人去关注使用者的感受；相反，一切都围绕机器的需要来组织，程序员通过打孔卡片来输入机器语言，输出结果也是机器语言，那个时候同计算机交互的重心是机器本身。当计算机系统越来越多的用户是普通大众的时候，对交互体验的关注也就越来越迫切了。

1. 提高可用性

在大数据时代，交互设计致力于提高产品的可用性，让人们方便有效地使用产品或服务，提高用户对产品的接受度。如图 1.1 所示，秒秒测是一款智能体温计，将其贴在孩子皮肤表面，每两秒测量一次孩子的体温，并且同步到 App 上，让父母可以实时查看，并具有报警功能，如果孩子体温超过高温报警线或低温报警线时，会触发报警提示。该产品颜色柔和明亮，孩子容易接受，是一款以用户为中心的贴心产品。

图 1.1　秒秒测

2.增加用户体验

在满足用户对于产品的基本需求，比如产品是否有用、可用的基础上，能够打动用户，在他们心中留下深刻印象的产品，是设计师追逐的更高目标，即满足可用性和用户情感体验的双重目标。比如，产品是否有趣、富有美感、富有启发性、富有创意、情感满足等。图1.2所示是韩国市场营销公司杰尔思行（Cheil Worldwide）为韩国双龙（S-OIL）石化公司设计的一款 HERE 停车位气球产品。在停车场的每个停车位上用细绳固定一个印有 HERE 和 S-OIL 标识的氢气球，人们很远就可以看到醒目的黄色气球飘在空中，从而知道这里有一个空余的车位。当汽车驶入这个车位时，会把气球慢慢压在车下面，远处的人们就看不到气球了，说明此处没有空车位。当司机把车开走之后，气球又重新飘起来，告诉人们车位又可以使用了。

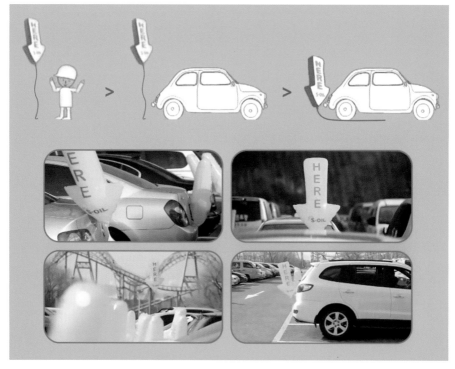

图1.2　HERE 停车位气球

3.赋予文化内涵

在共享时代，交互设计的范畴也在逐渐扩大，产品的意义已经超出了产品的外观、功能、环境等领域，而成为一个文化创造和文化更新的范畴，这些使得交互设计有了更丰富的内涵。交互设计还涉及与多学科、多领域和多背景人员的沟通。通过对产品的界面和行为进行交互设计，让产品和它的使用者之间建立一种有机关系，从而可以有效达到使用者的目标。图1.3所示是腾讯 QQ 的品牌文化设计，从1999年至今，腾讯的品牌形象一直以企鹅为主，不断地优化，不断地丰富品牌内涵。企鹅形象的优化，是整个社交网络品牌的生态策略，首先是产品自身的品牌设定，其次是产品间关系的社交系统品牌设定，最后是 IP 形象品牌设定。图1.4所示是腾讯 QQ 品牌的文化衍生，主要以 QQ 品牌定义为中心，让其与 QQ 子产品以及衍生产品组成社交系统品牌，QQ 形象 IP 化，并衍生出 QQ 家族形象。企鹅，已经不是一个单独的企鹅，而是一个丰富的内容平台，承载着整个互联网生活体系。

图 1.3　腾讯 QQ 品牌文化设计

图 1.4　腾讯 QQ 品牌文化衍生

1.2 交互设计的特征

以用户为中心、可用性、用户体验和迭代是一个产品从无到有、从有到优的重点，也是产品交互设计过程中的特色。产品设计是以用户为中心的，通过交互设计判断用户感性的行为来理性分析，更需要了解不同用户的诉求，从而设计出满足用户需要的、好用的和舒适的产品。

1. 以用户为中心

以用户为中心是交互设计的核心观点，不仅要以技术为驱动力，将用户时刻放在所有过程的首要位置，还要以用户目标作为产品开发的驱动力，挖掘用户需求，充分利用判断力和技术，设计良好的系统。这是一种设计思想，而不是纯粹的技术。以用户为中心的设计目标是发现用户的需求、目标和偏好，并为其设计产品。一般意义上，用户包括两层含义：首先，用户是人类的一部分；其次，用户是产品的使用者。在交互设计中，用户一般指与交互系统相关的个体或群体，分为直接用户和相关用户两大类。直接用户指与交互系统直接相关的人（或人们），经常使用交互系统和偶尔使用交互系统的用户；相关用户指与交互系统间接相关的人（或人们），如研发人员、管理人员、测试人员等，这些相关人员首先是使用者，其次才是设计者，设计者不能主观臆测用户的意图，应从使用者的角度来思考问题。在交互系统设计中，设计主要的关注对象是与交互系统直接相关的人，其中这些用户还分为初学者、中间用户和专家用户，其中数量最多、最稳定、最重要和最永久的是中间用户，但也不能忽视其他用户。对待用户，设计师应从不同的视角考虑，在生理上，每个人的特征都不同，用户的年龄、职业和体貌特征等都会影响设计师的决断。在心理上，不同国家、不同地域的文化差异，身份、知识水平的差异，对颜色、方向感、记忆力等的敏感程度，也是设计师在设计交互系统时要考虑的因素。

2. 可用性

可用性是目前国际上公认的衡量产品在使用层面能满足用户身心需求程度的标准，对于可用性的概念，国际标准化组织（ISO）在其 ISO FDIS 9241211 标准（Guidance on Usability，1998）中认为，可用性是指用户在特定的环境中使用产品完成具体任务时，交互过程的有效性（Effectiveness）、效率（Efficiency）和用户满意度（Satisfaction）。有效性指用户完成特定任务和目标的正确程度和完整程度；效率指用户完成特定任务和目标的正确程度和完整程度及其所耗费的资源的比率，即单位时间完成的工作量；用户满意度指用户在使用产品时所感受到的主观满意度和接受程度。可用性具有多种属性，它包括可学习性、效率、可记忆性、出错率和满意度五个方面。可学习性指用户能够在短时间内学习如何使用产品，并且首次使用产品时感到容易完成目标任务，是最基本的可用性属性；效率指用户通过学习，使用产品的熟练程度达到学习曲线平坦阶段的稳定绩效水平，也就是用户完成任务的速度情况；可记忆性指用户在一段时间不使用产品时，再次重新使用该产品时是否能够借助之前的学习、经验、回忆重新熟练使用；出错率指用户在使用产品时的错误操作次数，以及这些错误是否容易被纠正；满意度指用户在使用产品时，主观上所感受到的愉悦程度，也是最终的可用性属性。作为可用性属性，满意度可以从客观和主观两方面度量，由于客观度量主要通过专业设备采集心理、生理的指标来评估，会给用户造成压力和紧张感，影响测试结果，主观度量时一般外界环境比较轻松，可以采用访谈的方式来询问用户的想法，并辅以问卷来度量，因此，一般推荐采用后者。

3. 用户体验

在项目开始时，设计师应该确定特定的可用性和用户体验目标，做明确说明，并与需求达成一致，这有助于设计师选择不同的候选方案。"用户体验"这个概念是由认知心理学家唐纳德·诺曼（Donald Arthur Norman）在 20 世纪 90 年代中期提出的，指用户在使用产品的过程中或使用后，与产品系统进行互动时，在心理上的感受，具有很强的主观性，但也受到客观因素的影响。从用户的层面来说，用户使用产品追求的是物质和精神上的双重体验，在与产品进行互动体验中除了要达到可学习性强、效率高、可记忆性好、出错率低和满意度高这些可用性目标外，还应具备美感、令人愉悦、具有成就感、使情感得到满足，因此用户体验贯穿在一切设计和创新的过程中。从营销的层面来说，用户体验是一种与体验经济相适应的体验营销，通过舞台（企业服务）、道具（产品）、布景（环境），使用户在特定的时间和场合感受到使用产品的美好过程，从而激发购买欲望。从设计层面来说，始终坚持以人为中心的设计思想，让产品满足用户的物质和精神需求，也就是用户体验设计。用户体验在交互设计每一个环节的提高都会对用户的综合满意度有所贡献，因此，设计师不应仅仅关注产品的可用性，用户体验的所有环节都应受到重视。

4. 迭代

迭代是重复反馈的活动，其目的通常是逼近所需目标或结果。每一次对过程的重复都被称为一次迭代，而每一次迭代得到的结果会作为下一次迭代的初始值。通过迭代中的反馈，来促进设计师改进或优化产品设计。没有绝对完美的产品，用户总会有新的需求，用户的需求也是在使用产品的过程中不断发现和满足的。对产品的研发人员来说，要想让用户长期使用并且吸引更多的用户来体验产品，一定要不断地迭代，以满足用户的不同需求。产品的迭代要关注用户需求的优先级。首先，是对产品核心流程的强化，其目标是最大限度地提升产品的核心竞争力；其次，是和商业目标相契合；再次，是资源的最优分配，通过资源有效配置才能真正发挥价值。在产品诞生及成长阶段，核心用户是种子用户，他们最大的特征是忠诚度不高，有很强的好奇心，所以这个阶段的迭代频率适合小步快跑，每一两周就推出一个版本，不断开发新功能、优化体验；产品发展到稳定阶段后，产品功能和用户规模逐渐成型，这个阶段最重要的用户是主流用户，他们更加注重产品的体验和稳定性，所以这个阶段的迭代频率适合快慢结合，即以小步快跑的节奏满足小需求，如功能、漏洞（Bug）优化等，以定期升级的节奏满足大需求，如新模块、UI 改版等，大需求的时间周期可以保持在一年两到三次；最后，产品由盛转衰，逐渐发展到衰退阶段，这个阶段最重要的用户是相对稳定的主流用户，这类用户不会轻易更换使用习惯了的产品，只要产品能够满足他们的需求，他们是不会轻易放弃的，因此这个阶段的迭代更新，是节奏相对慢的小需求迭代，迭代频率可以保持在一个月左右。由于设计人员和用户都会参与产品的设计、讨论、需求和期望等，所以他们更了解用户需要什么，什么样的方案能给用户带来更好的体验。这时就更需要进行产品的迭代，让各个环节都能够相互启发，重复迭代。设计人员只有通过这种方式才能发现问题并解决问题，从而做出更好的产品。

1.3 交互设计的应用

随着科技的发展，交互的类型也越来越多，有硬件的，也有软件的，软件层面所涉及的交互问题更广泛一些，主要体现在对于不同的平台，针对平台特性的差异，交互方式和方法都有相应的不同，以下是目前比较有代表性的几类交互平台，分别是 Web 平台、移动平台和智能产品三类。

1. Web 平台

互联网已经成为人们日常生活中必不可少的一部分，互联网产品的概念是从传统意义上的"产品"延伸而来的，是在互联网领域产出而用于经营的商品，它是满足互联网用户需求和欲望的无形载体。简单地说，互联网产品就是指网站为满足用户需求而创建的用于运营的功能及服务，它是网站功能与服务的集成。例如，新浪的产品是"新闻"，腾讯的产品是"QQ"，博客网的产品是"博客"。交互设计是数字时代的产物，虽然是新兴产业，但伴随着互联网的出现，也早已成为大设计的理论支撑、表现手段和设计流程中所关注的部分。如今大家常用到的互联网网站主要分为搜索引擎、媒体网站、宣传网站、社交网站、电子商务和传统论坛等，如图 1.5 所示为淘宝网。Web 平台的设计要考虑的因素主要有用户的定义和使用环境，市场和竞品的分析，需求、任务分析和目标定义，项目的计划、采用的技术手段和资源管理分配，及用户使用设备的差异性等。

图 1.5　淘宝网

2. 移动平台

移动平台主要指具有多种功能的平板电脑和手机，移动交互设计的精髓就是在最恰当的时候给用户提供信息，使用户能快速了解，并做出简单的反馈。随着集成电路技术的快速发展，移动产品的功能越来越强大，覆盖层面越来越广，从一个只能通信的设备演变为一个综合信息处理平台，不仅可以通话、拍照、玩游戏，还能够实时定位、指纹扫描、二维码扫描、声音识别等。由于其产品的特殊性，其在使用情境上与 Web 平台有所不同。

（1）智能手机

早期的移动手机，由于其性能差，不能够和台式计算机的配备相媲美，所以手机经常死机或者操作后没有反应，只能提供一些基本、简单的功能，直到 iPhone 的发布，改变了人们对手机的态度。苹果的设计概念很简单，当手指捏合时，照片可以缩放；手指上下滑动时，界面能够随即滚动；在桌面上拖曳一个图标时，如同图标被吸附在手指上一样。不同的系统，像苹果（iOS）系统和安卓（Android）系统也有着不同的交互方式，不同的交互体验，在设计时要注意到两者的差异性。通过一些科学技术手段，如现在手机能够精确定位用户的位置，可以支撑很多应用类产品在手机上使用。在某个平台进行设计时，要考虑到自身设备的能力和特性，合理制订交互方案，扬长避短，如图 1.6 所示为智能手机。对于智能手机平台的应用设计，设计师应当充分了解和利用手机与生俱来的移动性来确保产品的功能。只有理解了智能手机平台中用户和应用的交互方式，整合移动硬件的功能，才能创造一款操作简单、应用率高和趣味性强的应用软件。

图 1.6　智能手机

（2）平板电脑

平板电脑也有独特的交互体验，它的许多特性和智能手机是相同的。平板电脑比笔记本电脑体积更小，方便携带，又具有智能手机所拥有的麦克风、相机、GPRS 系统等其他功能。与手机相比，平板电脑的最大优势就是触摸屏够大，适合阅读、写作和处理数据。对于一些热爱手游或爱看视频的用户来说，平板电脑操作更方便，画面感更强，可以提供给用户沉浸式体验。在设计平板电脑产品时，与智能手机一样，要注意设备的特性，也要注意它与智能手机的区别。有时一个小小的缺陷，就会破坏整个用户体验。如图 1.7 所示，平板电脑和手机应用的设计十分类似，设计师在设计平板电脑平台的应用时，要考虑平板电脑的特性。系统和厂商的不同，设备上所配置的功能也不同，在确定功能的必要性和硬件设置的情况下，进行功能设定和一些细节上交互体验的处理。

图 1.7　平板电脑

3. 智能产品

智能产品主要指将新型科学技术手段和硬件设备相结合，能够便于人们操作，为人类带来不同体验的产品。目前的智能产品大多通过手机传输数据，并且可远程操控。智能产品从类型上可分为智能家居产品、智能交通工具、智能设备、智能可穿戴设备和公共智能产品等。智能家居产品有智能冰箱、智能热水器、智能音箱、智能灯泡、智能门锁和扫地机器人等；智能交通工具主要有平衡车、共享单车、共享汽车等；智能设备有智能血压计、智能温度计等；智能可穿戴设备有智能手环、智能跑鞋、VR 眼镜等；公共智能产品主要有银行自助终端设备、地铁自助购票机和医院自助终端设备等。从使用人群角度分，可分为老年人智能产品、儿童智能产品、特殊人群的无障碍智能产品。老年人智能产品主要有智能按摩椅、智能手机、智能药盒等；儿童智能产品主要有智能学习机、智能玩具、智能机器人、智能手表、智能体温计等；特殊人群的无障碍智能产品有盲人智能插座、盲文打印机等。除了一些硬件和软件结合的智能产品，软件应用类产品可分为生活、娱乐、服务、电商等，如淘宝网、腾讯 QQ、京东等。如图 1.8 所示，苹果智能手表（Apple Watch）可以追踪分享健身记录，随时查看自己行走的步数和消耗的卡路里，可以根据自身情况选择骑车、跑步等多种室内外体能训练项目，能够清楚地了解自己的健康状况，合理安排工作、生活和学习，手机来电或信息也可以通过其查看和回复。如图 1.8 所示，欧普乐（OPLER）智能温控器是一款通过用户移动终端与室内智能温控硬件来调节家庭采暖的操控产品。用户可以远程控温，具有多种采暖模式选择、24 小时温度曲线预设、能源计划管理、每日能耗报告等，可以快速设定房间的采暖模式，操作简单，在任何一种智能采暖模式下旋转不锈钢圈可切换至手动状态，同时启动温度数值设定。

图 1.8 智能产品

1.4 交互设计的发展

交互设计源于 20 世纪 80 年代,但交互设计的思想很早就在人们的心里埋下了种子。"交互设计"这一概念历经了从人机界面到人机交互、从人机交互到交互设计。现在交互设计越来越受到设计师的关注,人们越来越重视产品的交互体验,在智能化和大数据时代环境背景下,未来交互设计可能涉及的学科范围会越来越广。

1.4.1 交互设计的发展历史

20 世纪初期,人们在机械化大生产中逐渐认识到人机工学的重要性,通过优化人机关系来提高生产效率。如车床把手的转动方向与齿轮的转动方向一致,使其人机操作更加简单、直观。但人们更在意怎样能够使把手使用起来更加舒适,并没有深入考虑交互界面应如何设计。

随着社会的发展，人们对于机械的要求越来越高，人们开始将其与科学技术相结合。最早，计算机技术应用于军事科学，专家通过一些机械的设备和穿孔卡片来阅读计算机的反馈。虽然功能上越来越齐全，使用起来却很复杂，出错率高，有些问题还会造成致命的伤害。一些技术并不能很好地被运用到生产实践中去。人们需要专业的学习，从而更好地使用仪器。如早期打字机的键盘设计，打字机作为一个文字处理器和打印机的超级综合体，在结构上是机械化的，键盘按键和输出的内容也是一一对应的，但人们还是设想以特定的非线性规律，即以在实际英语使用中单词出现的频率这种抽象的方式来排列按键。同时键盘按键还要考虑人的触觉因素，如人的手指所能触及的最远平均距离和键盘按键之间的间距等。这项技术最早从 1878 年生产的雷明顿 2 号打字机的实体键盘，到如今的虚拟键盘都一直被沿用，如图 1.9 所示。

图 1.9　雷明顿 2 号打字机

交互设计从产生到被正式提出以来，发展至今共经历了四个发展时期，分别是初创期、奠基期、发展期和提高期，如图 1.10 所示。

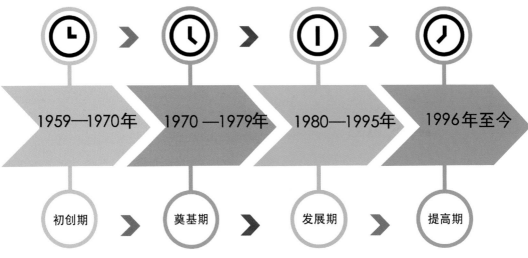

图 1.10　发展时期过程图

1. 初创期（1959—1970 年）

1959 年，美国学者 B.Shackel 发表了人机界面的第一篇文献《关于计算机控制台设计的人机工程学》；1960 年，Liklider JCK 首次提出人机紧密共栖的概念，被视为人机界面的启蒙观点；1969 年英国剑桥大学召开了第一次人机系统国际大会，同年第一份专业杂志《国际人际研究（UMMS）》创刊。在这一时期业界开始逐渐关注人机界面学的研究，一些学者开始注意到人在产品设计过程中的影响力，特别是计算机工业产品，在一些会议上也提出了相关的概念，开始注重人机界面理论知识的重要性。

2. 奠基期（1970—1979 年）

1970—1973 年，出版了一些与计算机相关的人机工学专著。1970 年，成立了两个 HCI(Human-Computer Interaction，人机交互）研究中心，一个是英国的拉夫堡大学（Loughborough University）的 HUSAT 研究中心，另一个是美国施乐(Xerox) 公司的 Palo Alto 研究中心。许多相关学者、学校开始设立研究机构，希望通过实践的论证能够在人机界面上有更大的突破。

3. 发展期（1980—1995 年）

在理论方面，20 世纪 80 年代初期，又相继出版了一些专著，对新的交互研究成果进行了总结，人机交互学科逐渐形成自己的理论体系和实践基础，从人机工程学科独立出来，成为一个新的设计领域，并受到认知心理学、行为学和社会学等其他学科的理论影响。在实践方面，伴随着科技进步和人机界面的拓展，人们开始关注计算机对人的交互反馈作用。"人机界面"也被"人机交互"所取代，HCL 中的"I"也由"Interface"替换成了"Interaction"。

4. 提高期（1996 年至今）

随着高速处理芯片、多媒体技术和网络技术的迅猛发展和普及，人机交互的研究重点也被转移到了智能化交互、多媒体交互和虚拟交互等方面，围绕着以用户为中心而进行物质与非物质的设计，通过信息技术构建人与产品及服务之间的协同关系，以保证可用性和提升用户体验为目标，关注以人为本的用户需求。

1.4.2　交互设计的发展现状

交互设计虽然最早来源于国外，与国内接触的时间不长，但发展速度较快，不仅受到设计师的关注，企业、服务业等也都逐渐开始重视这一方面。

1. 国外交互设计发展现状

国外交互设计的理论与实践方兴未艾，其研究者和实践者来自不同领域，其研究已经和视觉设计、产品设计、行为分析、心理学等相关的学科理论达到同等的地位，在理论研究上已经形成比较完整的体系和方法，并在这个基础上不断地完善。2005 年，世界上第一个交互设计委员会（Interaction Design Association, IDA）在美国正式成立，并得到迅速发展，随后在不同国家建立了分支机构。国外一些对交互设计有较大影响的学者和理论贡献如表 1.2 所示。在这些理论研究基础上，人们不断探索交互设计在不同领域的应用，如人们生活中所用的智能手机、医院自助终端机和网络在线服务平台等产品都是交互设计的实践成果。

表 1.2　国外交互设计著名学者和理论

名　字	贡　献	著　作
比尔·莫格里奇 （Bill Moggridge）	首次提出"交互设计"概念	《交互设计》
比尔·维普朗克 （Bill Verplank）	在斯坦福大学创办人机交互设计课程，提出交互设计从工具走向时尚	
艾伦·库珀（Alan Cooper）	提出以目标为导向的设计方法	*About Face*《软件创新之路——冲破高技术营造的牢笼》
唐纳德·诺曼 （Donald Arthur Norman）	倡导以用户为中心，提出交互的三个层次，即本能层、行为层和反思层	《设计心理学》《情感化设计》《未来产品的设计》等
格莉安·史密斯 （Gillian Crampton Smith）	在英国圣马丁学院开设图形设计与计算机的课程，在英国皇家艺术学院创建交互设计课程，建立伊夫雷亚交互研究所	
特里·温诺格拉德 （Terry Winograd）	成立关于人、计算机和设计的项目	《软件设计的艺术》
比尔·巴克斯顿 （Bill Buxton）	从人文角度创造、研究和应用互动的系统，重点探讨人机交互及科技的用户层面	《用户体验草图设计》
约翰·梅达 （John Meada）	主张将艺术与科学、技术、工程、数学相结合，将电脑程序尖端计算与艺术优雅表现完美结合	《简单准则》

2. 国内交互设计发展现状

交互设计在国内起步相对较晚，与国外还有一定的差距，但近年来随着互联网和移动互联网的普及，交互设计的研究和应用发展迅猛。在实践方面，基于 Web 平台的交互设计、移动终端交互设计等得到快速的发展，工业设计和产品设计领域的交互设计部分也占据着重要地位。一些经济较发达的城市如北京、上海等，相继成立了洛可可、腾讯、阿里巴巴、小米等交互设计机构。目前，中国的产业界正在由"中国制造"向"中国创造"的方向迈进，2000 年，成立中国欧盟可用性研究中心（Sino European Usability Center，SEUC）。这是中国交互设计和可用性研究领域的里程碑事件，这是国内第一个可用性工程中心，其建设由欧盟第五框架计划、中国政府中欧科技合作计划及欧盟 Asia-ITC 计划项目提供支持，是欧盟可用性支持网络 UsabilityNet 成员单位；2004 年，中国可用性专业协会（UPA China）成立于上海，标志着交互设计作为一个全新的概念正式走上中国用户界面设计（UI）行业的舞台；2005 年，越来越多的公司开始建设"用户体验"部门，软件行业更是把体验上升到了企业品牌竞争的高度；2007 年，随着信息化建设的变化和国家创意战略的提升，用户体验开始成为热门话题，国内也相继衍生出很多关于交互设计和用户体验的社区，如 UI 中国、人人都是产品经理、优设网和一些相关公众号等；2010 年，广东省工业设计协会交互设计专业委员会成立，同年举办了第一届"中国交互设计体验日"，并且一直延续至今。2014 年，中国成立了中国工业设计协会信息与交互设计专业委员会（Information & Interaction Design Committee, IIDC），并在清华大学举办了第一届大会，其名称体现了中国设计领域对交互设计的思考和探索。交互设计在我国经历了从美工、图形用户界面（GUI）、用户界面 (UI)、交互、可用性、用户体验的过程。目前最热门的平板电脑、智能手机、智能家电等，均把交互设计作为产品差异化战略的重要组成。

　　小米手环是国内交互设计发展中的一个典型案例，符合国内市场需要，性价比高，功能全面且待机时间长，如图 1.11 所示。它的主要功能包括查看运动量、监测睡眠质量和智能闹钟唤醒等。可以通过手机应用实时查看运动量，监测走路和跑步的效果，可以识别更多的运动项目。可自动判断用户是否进入睡眠状态，同时记录用户深睡、浅睡和总睡眠时间，帮助用户监测自己的睡眠质量。特别是它的智能闹钟功能，设置成功后，手环会以震动的方式唤醒用户，不会打扰他人，基本上可以取代手机闹钟了。阿里巴巴也是国内互联网行业发展较快、技术较领先的企业，阿里巴巴旗下代表产品有支付宝、淘宝、菜鸟裹裹等。2016 年，天猫"双十一"推出的品牌海报，2017 年，推出的 H5 动效、虚拟商业街等吸引眼球的活动，让用户体验了不同的购物方式，感受到了科技的力量，也正是这些技术的支持，才能让公司日益壮大，更好地为用户提供服务。

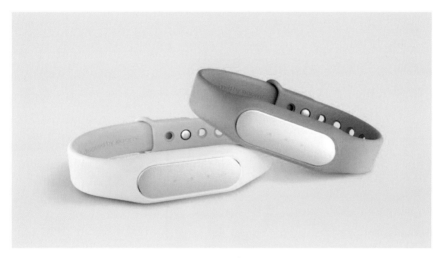

图 1.11　小米手环

　　交互设计研究的热点是"用户"，用户研究集中在用户行为和认知方面，多采用讲故事、任务分析、计算机符号学、人机交互系统等方法，研究对象多见于健康、绘本、儿童、教育及文化等领域，如数字化文本互动和视觉设计方面。常见的 App 应用设计，就是数字化交互设计的典型研究对象。交互设计可向更多的应用领域拓展，如更多实体交互设计方面的用户研究。交互设计研究与应用目前更多集中在移动互联网方面，其中电子商务、社交网站的用户界面和需求研究是热点，用户研究多集中在用户体验、认知和行为方面，包括用户模型构建与评价，运用 3D 交互计算机技术等数字化手段对人的心理及行为进行模拟等，协同设计是常用的设计研究方法。交互设计目前已由相对集中在互联网层面的数字设计扩展到生活的诸多方面，例如虚拟试衣、互动式读物等领域，设计重点已经从人与机器的互动，上升到注重人们的生活品质和体验，即从物质功能层面向精神体验层面扩展。

1.4.3 交互设计的发展前景

随着信息技术的发展和人们生活方式的变化，未来的交互设计创新研究还有更多的想象空间。交互设计不仅指在视觉、听觉与触觉方面的交互，还会延伸到嗅觉和味觉各种感官在时间和空间上的交互体验。随着科技的进步，交互的模式也越来越多样化，如全息体验、服务设计和协同共享等。

1. 全息体验

交互品质也称为体验品质，是人在使用产品时才会产生的特有属性，也就是说这种属性只有通过积极地与产品、系统和服务等交互才能够得到体现。确定产品的体验品质有助于为产品设计提供方向，为产品开发提供数据并为产品可用性测评提供标准。未来的交互方式是多种多样的，从现在已有的建立在 3D 投影技术上的虚拟现实（Virtual Reality，VR）体验、动作捕捉技术的体感游戏来看，未来的体验可能是全面的、全方位的，一个动作的执行、一个声音的输出让眼、耳、口、鼻等都能够感受到。未来的交互应当与情感相结合，通过面部表情传达心情，人的语调、语速能够表达人对待事物的态度和情感，动作的力度、速度能够表达用户的心理和生理独白。如图 1.12 所示为《微软未来愿景》短片表现了扁平化设计仅仅是自然用户界面的开端，今后可以结合触摸、语音、传感器的控制，以及多媒体、多种控制方式和云概念等共同打造更友好的体验。

图 1.12　《微软未来愿景》

黑科技，原意指非人类自力研发的，凌驾于人类现有的科技之上的知识，引申为以人类现有的世界观无法理解的猎奇物是指远超越现今人类科技或知识所能及的范畴，目前缺乏科学根据并且违反自然原理的科学技术或者产品；没有科学依据但很厉害，又打着科技的名义，用起来和魔法一样的东西。通常情况下，当前人类无法实现或根本不可能产生的技术或者产品统称为黑科技，其标准是不符合现实世界常理及现有的科技水平。图 1.13 所示是英国 Perseus 智能镜，这款智能镜内置了显示屏及处理器，可以在照镜子的时候看视频关注天气等。Perseus 智能镜搭载四核处理器，支持 WiFi、摄像头、蓝牙、麦克风及外放功能。其外形看起来像一面普通的镜子，但是当启动后，在镜子中可以看到所显示的时间、天气、新闻等信息，可以安装软件看视频，还可以打开摄像头自拍，并实现 AR 化妆体验。

图 1.13　Perseus 智能镜

2. 服务设计

服务设计是在注重产品交互方式的同时，关注不同方式给用户带来的体验，服务越来越成为设计师在设计产品时所关注的焦点。服务设计是有效地计划和组织一项服务中所涉及的人、基础设施、通信交流及物料等相关因素，从而提高用户体验和服务质量的设计活动。服务设计既可以是有形的，也可以是无形的；客户体验的过程可能在医院、零售商店或街道上，所有涉及的人和物都为完成一项成功的服务传递着关键的作用。服务设计将人与其他诸如沟通、环境、行为、物料等相互融合，并将以人为本的理念贯穿于始终。服务设计的关键是用户为先、体验流程追踪、所有接触点分析，以打造完美的用户体验。图 1.14 所示是贵州铜关村文旅服务设计，在项目前期深入挖掘铜关村的困境问题，重估乡村价值，结合物联网技术，选择合适的设计方式。旅游体验需要注重旅游前、旅游中、旅游后三大核心设计重点，挖掘潜在的利益服务缺口，将整个旅游体验梳理完善，形成服务体验闭环，让外来游客和当地村民相互受益，形成系统化设计。通过开发智能应用及铜关村旅游文化和服务等，提供线上景点介绍、住宿预订、预订当地特色餐等，让游客拥有愉快的线上体验。线下注重乡村的品牌文化，其独具特色的侗族建筑、侗族布艺、侗族美食、侗族大歌等，更为侗族特色茶文化提供销售出路，通过有形的服务带来无穷的体验，让村民对自己的家乡充满归属感和自信心。

图 1.14　贵州铜关村文旅服务设计

3. 协同共享

随着人们生活方式的改变，协同共享的模式已悄然而生，并逐渐被人们所接受，从而催生出一种新的经济模式——共享经济。共享经济是指以获得一定报酬为主要目的，基于陌生人且存在物品使用权暂时转移的一种新的经济模式，是目前常见的一种经济模式，如共享打车、共享单车、共享充电宝、共享雨伞等形式。共享经济目前涉足的领域较多，分别为衣（共享服装）、食（共享厨房）、住（共享住宿）、行（共享出行）和用（共享充电等），除此以外还有很多应用领域，如物品共享、空间共享及技能共享等。共享经济模式下是人们生活方式的变迁，其共享的初衷是提高社会闲置资源的利用率，优化社会资源的再分配过程。如图 1.15 所示为美团单车，是无桩借还模式的共享单车，通过智能手机实现快速租用和归还。其致力于解决城市出行问题，倡导绿色出行理念，通过整合自行车产能及供应链，为各城市提供便捷高效的绿色出行服务。领先的移动物联网智能锁技术，使用户可以通过手机解锁骑行，随取随用，从而建立起从用户舒适骑行到以物联网为载体、人工智能为核心的科技闭环，推动了城市绿色交通体系及城市信用和智慧城市建设。

图 1.15　美团单车

随着共享单车的日益普及，人们对于出行体验的要求越来越高，除了短途出行，还希望能够满足长途自由出行，于是城市共享汽车孕育而生。如图 1.16 所示的共享汽车，是沈阳市推出的共享宝马汽车，车上加装车载 WiFi、指纹介入、人脸识别、酒精测试、智能语音等功能，用户通过手机扫描车门上的二维码，注册并缴纳押金，即可打开车门启动开走，计费方式依据公里数来计算。

图 1.16　共享汽车

1.5 交互设计的体系

交互设计是伴随着互联网和计算机技术而发展起来的一个设计学科的分支，受到多个学科的交叉影响。交互系统的构建是在工程学科和人文学科共同的基础上搭建而成的。交互设计的理论来源于美国赫伯特·亚历山大·西蒙的"设计科学"，他认为设计科学是存在于科学与技术之外的第三类知识体系，科学研究解释了世界发展的规律，即"是什么"；技术研究则揭示了改变世界的方法，即"能如何"；设计则将科学和技术进行综合，关注的是事物的本质，即"应如何"。设计科学所研究的是人与物的关系，跨越了科学技术和人文社会两大领域。交互设计是一门随着信息技术的发展而出现的交叉学科，包括工业设计、视觉设计、人机交互、用户体验设计、信息架构和建筑学等领域，如图 1.17 所示。

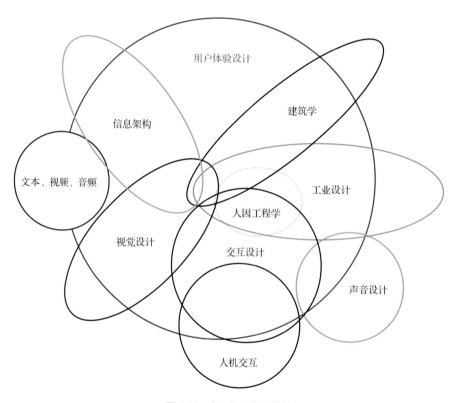

图 1.17　交互设计相关学科

1. 交互设计与工业设计

交互设计是关于"人工物"的研究，赫伯特·亚历山大·西蒙在《人工科学》一书中对于"自然物"和"人工物"做了区分，"人工物"是由人思考所产生的作用力综合而成"物"，具有解决问题的功能、设计目的及一定的适应性，它和"自然物"的区别是汇集了人的思考、劳动、制作和创造后的结果。工业设计是以工学、美学、经济学为基础对工业产品进行的设计，是20 世纪初工业化社会的产物。在没有提出交互设计和用户体验设计的概念之前，产品的设计总是围绕着形式追随功能，在符合各方面需求的技术上进行具有特色的理念展开。工业设计和交互设计的很多原理和方法是相通的，都是以用户为中心的设计。工业设计师通过定义产品使用者和环境之间的相互关系来满足用户的需求和创造新的生活方式，工业设计师以通过产品的形式结构、外观等方式向用户传达产品的功能信息。工业设计涉及对象大多以有形的人造物为主，把产品当作物品来对待。工业设计的过程是设计对象随着使用场景变化而不断变化的过程，用户根据内在需求和外在情境产生运行，然后产品对此行为做出相应的反馈，用户再针对反馈和判断进行下一步操作，循环往复。交互设计的优劣不是看它采用的技术是否先进，而是通过观察和研究发现人们生活中存在的问题，明确设计思路，采用合适的技术解决问题，给用户创造更好的情感体验。图 1.18 所示为苹果公司设计的 iPod，它具有简洁的外观和用户界面。其转盘控制组件是工业设计与交互设计完美的结合，结合耐力控制方式，从硬件操作映射到软件功能及界面的再设计，工业设计与交互设计的界限不再清晰。

图 1.18　iPod

2. 交互设计与认知心理学

认知心理学研究的是人类认知过程，包括直觉表象、记忆思维和语言等。认知心理学为交互设计提供基础的设计原则，这些原则包括心理模型、感知、现实映射原理、隐喻及可操作暗示。比如，人们到了一个新的环境中都会观察了解周围环境的特点，看到的、听到的、摸到的、闻到的都是认知信息。人们的日常生活往往包含一系列的信息接收、处理等认知活动。阿兰·库珀（Alan Cooper）将认知模型分为实现模型、表现模型和用户心理模型。实现模型是指机器和程序是如何实际工作的；表现模型是指将程序的功能展现给用户的方式；用户心理模型是指存在于用户头脑中关于一个产品应该具有的概念和行为。表现模型越接近用户心理模型就越符合用户的认知特点，用户就会感到产品越容易使用和理解。图 1.19 所示为马桶放水按钮的设计，由一大一小两部分构成，两部分按钮功能相同，区别只在于出水量。用户在使用时，会根据已建立的认知模式，通过认知记忆和判断来选择分开还是同时按下，而当用户选择分开按下时，判断抽水马桶出水量的水流视觉差异是微弱的。

图 1.19　马桶放水按钮设计

再如苹果（iOS）系统的"删除"设计，地址栏后内容的删除如图 1.20 左图所示，键盘中的删除按钮如图 1.20 右图所示，两个按钮功能的差别在于地址栏后的按钮可以一键清除前面的内容，而键盘中的删除只能逐字删除。在计算机操作中对于多个内容的删除，是先选中这些内容再按一次删除键，而当屏幕变小时采用触屏操作，先选中再删除的操作则相对困难。

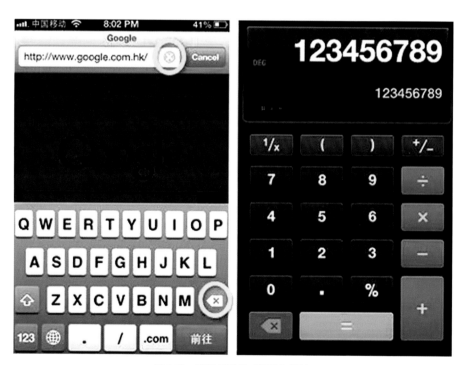

图 1.20　苹果系统的"删除"设计

3. 交互设计与人机交互

人机交互这项研究最初作为计算机科学的一个专业领域，它包含了认知科学和人因工程。人机交互迄今为止一直保持着稳定又迅速的发展步伐，同时激发了很多其他领域的专家学者对它的兴趣，将其他领域的很多不同概念、方法和途径整合到人机交互当中去。人机交互目前已将半自动化领域的研究成果和人文信息的实践相结合。随着计算机和互联网技术的深入普及，人机交互的深度和广度也在不断向多元的交互模式延伸。交互设计除了研究在计算机技术支持下人和计算机如何互动和交流，也研究人类怎样和社会进行信息传递，怎样和外部世界建立联系等问题。从技术层面而言，交互设计涉及计算机工程学、计算机语言、信息设备和信息架构学；从用户层面而言，交互设计不仅注重计算系统性能的可用性，更注重用户的参与和表现，涉及人类的行为学、人因学和心理学；交互设计涉及工业设计、界面表现和产品语意与传达等。它从设计研究领域为人机系统中用户体验的提高提供了重要的理论依据和技术支持。交互设计延续了人机交互领域的大部分设计原则，但不同的是，交互设计更关注对用户的心理需求、行为和动机层面的研究。

人机交互简单来说就是人和计算机的互动，在这个互动过程中，人通过和计算机界面的互动，产生一系列的输入和输出，然后完成一个任务，达到一个目的，如图 1.21 所示。首先，人机交互是与计算机科学相关的，没有输入和输出，就没有计算机图形学，没有算法，也就不会有人机交互。因此，在美国很多人机交互专业都设立在计算机学院，有些人机交互专业比较优异的学校，其计算机专业也很有影响力。其次，人机交互是与认知心理学相关的，它主要关注人的行为科学及认知，而非传统意义上的心理学那么简单。用户体验的代表人物唐纳德·诺曼（Donald Norman）就有认知心理学科背景。人机交互不是狭义上的对单个人心理动态的研究，而是广义上的人为什么做特定的事情，比如为电商网站建立用户决策模型，不是研究某个人的决策，而是研究网站主流用户的购买动机。最后，人机交互是与美术设计相关的，这也是和交互设计联系最紧密的研究，比如在界面设计中，让用户能够轻松地理解哪些是可操作的，哪些是纯叙述性的信息展示。

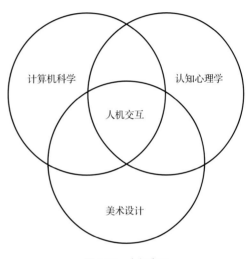

图 1.21　人机交互

4. 交互设计与用户体验设计

用户体验（User Experience，UX 或 UE）是指用户在使用产品、体验服务的过程中产生的主观情感上的感受。它具有情境性、差异性、持续性、独特性和创新性的特点。用户体验设计是以用户为中心的一种设计手段，以用户需求为出发点和目标而进行的设计。用户体验的概念从开发的最早期就进入整个流程并贯穿始终，其目的就是保证对用户体验有正确的预估；认识用户的真实期望和目的；在功能核心还能够以低廉成本加以修改的时候对设计进行修正；保证功能核心同人机界面之间的协调工作，减少错误。用户体验设计和交互设计都是为了满足用户的需求，以人为中心的设计。两者之间有联系也有区别，交互设计是设计中的一个领域，是一种具体的实践，通常是为了解决在特定的场景、特定的人群在使用过程中，更便捷、更容易地与机器沟通。它主要是设计人与产品之间的交互流程，也涉及对产品界面框架、信息架构的设计等。用户使用产品过程中的感受称为用户体验，包括功能体验和情感体验，因此在产品功能体验设计上要使产品使用更加简单和高效，在情感体验设计上要从用户的角度解读其心理感知和情感诉求。

图 1.22 所示的用户体验设计，它主要是在人、产品和环境之间寻求一个平衡点，达到最优的设计，三者之间相互影响，而这三点又深受其他外界因素的影响，不同的人有不同的理解能力、对待相同事物有不同的感情，对产品、环境的期望和要求也不同；环境又分为自然环境、社会环境、文化环境；产品又会受到环境的影响，给用户带来不同的感觉体验，不同用户使用产品的行为和逻辑也不尽相同。根据马斯洛的需求层次，用户具有感觉需求、交互需求、情感需求、社会需求和自我需求五个需求层次，用户体验需求五层次分别对应美学设计、交互设计、情感设计、品牌设计及个性化设计。

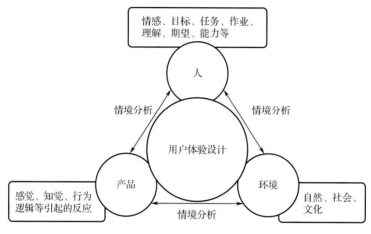

图 1.22 用户体验设计

课后习题

1. 交互设计最早由_____提出，并命名为_____。

2. 可用性是指用户在特定的环境中使用产品完成具体任务时，交互过程的_____、_____和_____。

3. 用户体验（User Experience，简称 UX 或 UE）这个概念是由_____提出的。

4. 交互设计的主要应用平台有_____、_____和_____。

5. 交互设计经历了_____个时期，目前处于_____。

6. 交互设计的概念是什么？

7. 交互设计的意义是什么？

8. 交互设计的特征是什么？

9. 交互设计的发展趋势可分为哪些方面？

10. 交互设计与工业设计之间的关系是什么？

第2章

交互设计的原理与方法

　　随着网络和新技术的发展，各种新产品和交互方式越来越多，同时，人们也越来越注重交互过程的体验。无论是在使用网站、软件、消费产品的时候，还是在接受各种服务的时候，皆以某种方式与其产生交互，而其最终目的都是满足用户期望，让产品易用、有效且让人愉悦，帮助产品与使用者之间建立一种有机关系，从而达到用户目标。交互设计以用户体验为目标，以需求层次为主线，涉及非物质性和信息可视化理论。在四大原理的基础上，衍生出以用户为中心、以活动为中心、以测试为中心和以目标为导向四种方法。本章从用户体验出发，结合需求层次、非物质性和信息可视化来对交互设计进行解析，详细阐述交互设计的四种方法，以具体的实际案例为切入点，深刻理解四种方法的内涵和实际运用。

2.1　交互设计的原理

　　设计是一门尽力满足传达需求的学问。设计师通过产品向用户传达其使用方法、功能、文化背景等含义，信息化的发展使这种传达的载体已经不仅仅局限于固有的形式，而是需要有用户参与的多态响应式系统。用户对设计输出物的理解，需要通过与其交互才能得以实现。交互是人类生存和发展的需要，是人类和其他动物适应自然和繁衍进化所必需的能力。交互扩展了人类感知、认知和控制外部世界的能力，对产品的使用行为、任务流程和信息框架的设计，实现了技术的可用性、可读性及愉悦感。用户不仅要求设计师去设计物品，更需要设计师去设计使用的方式和体验过程，这种方式必须是与人们的生活方式相结合的。因此，交互设计与用户体验、需求层次、非物质性、信息可视理论密切相关，只有理解交互设计的原理，才能在原理的基础上打造良好的交互方式。

2.1.1 用户体验

1. 用户体验的概念

《辞源》对体验有两种解释，一种是实行、实践、以身体之；另一种是领悟、体察、设身处地。前者指人外部的亲身经历，后者更多地指人内在的想象和心理活动。体验是个体对某些事件刺激的反应。无论事件是真实的，梦幻的还是虚假的，个体对事件的直接观察或参与都会形成体验。每个人都有体验，体验即是人们对外界的评价。追求用户体验，即通过交互设计让用户获得好的交互体验。ISO 9241-210 标准将用户体验定义为，人们对于使用或期望使用的产品、系统或者服务的认知印象和回应。该定义认为用户体验是一种主观的在用户使用产品过程中建立起来的感受，但是对于一个界定明确的用户群体来讲，其用户体验的共性能够经由良好的设计实践来认识到。

用户体验，即用户在一个产品或系统使用前、使用期间和使用后的全部感受，包括情感、信仰、喜好、认知印象、生理和心理反应、行为和成就等各个方面。从这个定义上来看，不仅是一款 App、一个网站或者一个硬件设备需要关注用户体验，从用户接触产品销售的体验，亦或偶然在某个地铁站看到广告的那一刻，用户体验就开始了。用户对于每一个产品触点，到使用过程都会不断给出评价，都会产生交互。如人们对餐厅的选择，对餐厅的第一印象、服务员是否在合适的时间引领到满意的位置、菜单的摆放位置和选择菜品的直观性、选择的菜品是否符合预期、服务的满意度、是否会再次选择这家餐厅等，这些都和餐厅的用户体验密不可分。用户体验的本质是一种建立在主观情感体验上的过程。

2. 用户体验的发展

用户体验早在文艺复兴时期之前就已经存在。迈克尔·盖尔布（Michael Gelb）在他的著作《如何像达·芬奇一样思考》中讲述了米兰公爵委托达·芬奇为高端宴会设计专属厨房的故事。达·芬奇这位伟大的艺术大师将他一贯的创造性天赋运用在这次厨房设计中，他将技术和用户体验设计融入整个厨房的细节里面，比如用传送带输送食物、首次在厨房的安全设计中加入了喷水灭火系统。虽然这些开创性的设计有很多不足之处，比如说传送带是纯人工操作的，工作不太稳定；为安全设计的喷水灭火系统，一旦失灵就会毁掉很多食物。虽然达·芬奇的这次尝试令厨房化身为噩梦，但是作为用户体验设计的早期实践，却有着无比重要的历史意义。作为 20 世纪初最早的管理顾问之一，机械工程师弗雷德里克·温斯洛·泰勒（Frederick Winslow Taylor），美国著名管理学家、经济学家，被后世称为"科学管理之父"，其代表作《科学管理原理》深刻影响了工程效率领域的研究。20 世纪以来，科学管理在美国和欧洲大受欢迎，除了帮助管理者指明企业的发展方向，还对企业的高效产出提供了有效的指导。随着亨利·福特的福特汽车实现大规模生产，泰勒和他的支持者们也逐渐完善了劳动者和工具之间高效协同交互的早期模式。

1955 年，美国工业设计师亨利·德雷福斯（Henry Dreyfuss）在其代表作《为人的设计》中写道，当产品和用户之间的连接点变成了摩擦点，那么这个设计就是失败的。相反，如果产品能让人们感觉更安全、更舒适、更乐于购买、更高效，甚至只是让人们单纯地更加快乐，那么此处的设计就是成功的。随着人与产品的接触越来越多，书中的原理越来越多地被应用，最终遵循的本质就是追求用户的极致体验。1966 年，正处在迪士尼世界的早期建设阶段，华特·迪士尼（Walt Disney）站在用户体验的角度这样描述它，迪士尼世界会成为一个坚持使用最新技术改善人们生活的地方。他将想象力和技术结合，为全世界带来了无限的欢乐和喜悦，并激励着设计师们在用户体验方向继续探索。身为电气工程师、认知科学家的唐纳德·诺曼（Donald Norman），是美国认知科学、人因工程等设计领域的著名学者，同时也是美国知名作家，以书籍《设计 & 日常生活》闻名于工业设计和互动设计领域，并曾被《商业周刊》杂志评选为世纪最有影响力的设计师之一。加盟苹果公司之后，他帮助这家传奇企业对他们以人为核心的产品线进行研究和设计，而他的职位则被命名为"用户体验架构师"，这也是首个用户体验职位，"用户体验"这个词也是在彼时被大众所广泛认知。

2007 年，史蒂夫·乔布斯（Steve Jobs）发布了 iPhone，它被称为跨越式产品，如图 2.1 所示，乔布斯承诺它会比市面上任何智能手机都易用。随后，iPhone 不仅兑现了乔布斯的承诺，而且彻底改变了智能设备领域的格局，苹果公司再一次登顶，成为世界上最成功的公司之一。它融合了当前最卓越的软件和硬件系统，借助革命性的电容触摸屏而非传统的物理键盘来同用户进行交互。初代的 iPhone 所提供的用户体验，远远优于同时代的手机，也在无意中让智能设备的软硬件研发和相关领域将重心放到用户体验上来，苹果公司强调他们是通过提供出色的用户体验赢得了市场和荣誉的。

图 2.1　乔布斯发布 iPhone

用户体验设计发展史上的每一个重要里程碑，都源自技术和人性的碰撞。互联网和新兴技术正在越来越多地介入人们的生活，但是这种发展也更需要专业技能、跨领域协作、多学科实践，比如用户研究、图形设计、客户支持、软件开发等。互联网也不再单纯地局限于笔记本电脑和智能手机，可穿戴设备、智能汽车和智能医疗设备也都会接入网络。全球互联的时代赋予专业用户体验从业者更重大的责任，用户体验设计也不再局限于屏幕和像素，关乎生活每个细节的用户体验设计时刻存在着。

3. 用户体验的影响因素

用户体验的形成过程是用户、场景和系统相互作用的结果，影响用户体验的因素有用户特性、系统特性和环境因素。用户特性是体验发生的载体和内在条件，系统特性是影响用户交互体验的外在激励，环境因素是微观的物理环境和宏观的社会环境。用户特性包括用户当前状态、用户的能力，对产品既有的经验、知识、需要、态度及期望等，这些都会影响并决定用户体验，而用户是具有差异性的，同时用户体验也是具有个体差异的。回报的评估通常与内在需求迫切性和资源稀缺程度有关，而投入代价受个体能力极限的约束，影响用户体验的用户特征主要包括需求迫切性和用户能力边界两个方面。系统特性是用户体验的外部激励物，是可控制的变量，体验与用户所感受到的系统有用性、易用性和效率有关。根据体验的代价回报理论，设计师更需要关注代价和回报的相对变化。环境因素是作为一种外部约束条件而存在的，交互过程所处的物理环境和社会文化是一个整体，同一激励物在不同的环境下会产生不同的用户体验，即产生不同的价值判断和情绪反馈。无论在公共区域还是在私密空间中使用，无论是可穿戴式还是便携式的产品，在设计上都会有很大的区别。

4. 用户体验的目标

用户体验的目标就是做到自然，让用户在不需要思考的同时享受整个过程。例如，微信的"摇一摇"是以"自然"为目标的设计。抓握和摇晃是人在远古时代没有工具时必须具备的本能，通过抓握和摇晃设计激发人类的行为本能，设计"摇一摇"时，目标是和人的自然或者本能动作体验做到一致。摇一摇的体验包括，动作上，摇动；视觉上，屏幕裂开并合上来响应动作；听觉上，有吸引力，男性以来福枪、女性以铃铛的声音来响应动作；结果上，从屏幕中央滑下的一张名片，整个界面没有菜单和按钮。摇一摇上线后，很快就达到每天一亿以上的使用次数。简单而自然的体验，巧妙的设计，使人们自然而然地去使用它，且没有人群的高低之分。这种通过肢体，而非鼠标或触屏来完成的交互，在用户体验上真正做到自然。如 iPhone 的解锁方式，如图 2.2 所示，不需要专门去查看说明书或者学习就可以正确使用，因为触摸是人的天性。同时 iPhone 通过箭头图标，有向右滑动的指示箭头，来暗示是通过手指触摸向右滑动来解锁的，不需要用文字去解释，不需要用户去思考，就可自然产生滑动解锁动作。

图 2.2 滑动解锁

5.用户体验的分类

（1）感官体验

人的感官由视觉、听觉、触觉、嗅觉和味觉构成，对于感官的刺激可以调动用户的情感，激发人们内心的情绪，比如快乐、自豪、高兴等，强调舒适性。感官体验主要包含视觉体验、听觉体验、触觉体验、嗅觉体验、味觉体验。视觉体验旨在吸引眼球，比如哈啰出行，运用一致的蓝色，不仅提升了品牌的辨识度，而且给用户在寻车用车的过程中提供了便利，增强了用户体验感；听觉感受通过声音刺激听觉引发体验感受，比如钉钉办公客户端，在用户每次上下班打卡的同时都会给用户一个听觉上的提醒，让用户再次确定打卡成功；触觉是最直观的体验，通过触摸感、亲身体验来驱动用户体验，无论是硬件产品还是软件产品，都在进一步追求触觉体验，让用户亲身感受；嗅觉和味觉感受是在用户在"视觉疲劳"之后，更深一步的感官体验。

（2）互动体验

互动体验是用户使用、交流过程的体验，强调互动、交互特性，用户在输出相关资讯、信息或服务的同时，平台能够准确反馈用户所需要的结果，从而产生互动的信息流，整个信息流在传输的过程中都会令用户产生体验。如图 2.3 所示，矢量咖啡（UP Coffee）是一款监测用户咖啡因摄取量并提升睡眠质量的 App，识别市面上多种饮料的咖啡因含量，记录用户的咖啡因摄取量，计算和分析不同咖啡因摄入量对用户睡眠质量的影响，达到帮助用户提升睡眠质量的目的。此应用的特点是将数据以动态效果呈现，圆形的点不断地往下落，瓶子里面的点也呈现运动的状态，动态效果的图形能多维度呈现给用户实时信息，同时能与用户形成互动，提高数据表现的趣味性。

图 2.3　UP Coffee

（3）情感体验

情感体验是基于心理的体验活动，是用户受其周围客观环境影响而产生的一种主观感觉，强调用户心理的认可度，让用户认同、抒发自己的内在情感，形成高度的情感认可效应。例如，App交互操作中进行友好提示，可以增加用户的亲和度和信任感；购物类App针对不同的用户，定期发送邮件、短信问候或温馨通知，来增进与用户之间的感情，给用户在情感上带来信任感。

6. 用户体验的维度和范围

图2.4　用户体验的维度和范围

用户体验具有两个维度和四个范围，两个维度是用户的参与水平和参与者的背景环境，两个维度结合得出四个范围的体验，如图2.4所示。体验离不开用户的参与，用户的参与分为两种，主动参与和被动参与。主动参与是指用户对体验活动施加个人影响，被动参与指用户无法直接产生影响，用户的参与水平为横轴，纵轴对应的是参与者和背景环境的关联。参与者和背景环境的关联分为吸引式和浸入式，吸引式指的是体验活动远距离吸引用户的注意力，浸入式指的是用户全身心投入到体验中成为其中一部分。这两种维度的结合产生出体验的四大范围，即娱乐性、教育性、逃避性、审美性。娱乐性体验指的被动受吸引参与的体验，多发生在感官被动吸引时，如欣赏表演、听音乐、享受阅读等活动；教育性体验是用户受到吸引而主动参与的体验过程，教育性体验往往通过学习和实践来获取信息，提高知识和技能水平；审美性体验是指人们沉浸在事件或活动中，但并不对其产生影响，如在画廊欣赏艺术作品、在峡谷中欣赏风景、观看体育比赛等；逃避性体验在浸入程度上要高于娱乐性体验和教育性体验，逃避性体验是和纯粹娱乐相反的体验活动，产生逃避性体验的用户完全沉浸在自己作为主动参与者的世界里，如在主题公园内步行、玩电子游戏、上网聊天等。通过模糊体验的界限，可提升体验的真实性，多种范围的体验结合在一起，可产生更加丰富、更加具有吸引力的体验。

例如，微信和支付宝都发现用户有在节假日送祝福的需求，但是从用户的反馈上看，微信红包的整体体验优于支付宝红包。从需求来讲，微信红包和社交关系更紧密，用户期待的是好友之间传达的亲密祝福，但是支付宝红包的接龙游戏可以传达到朋友圈，涉及范围太广，失去亲密社交的意义。从互动方式上看，微信红包的互动方式也更加贴近用户，微信红包推出了三种方式，第一种方式是看春节联欢晚会摇一摇抢红包，这种方式没有耽误大家进行传统的娱乐活动，只要随手摇一摇就可获得优惠券；第二种方式是群里抢红包，每个人可随机抢到不同的金额，增加了趣味性；第三种方式是过年期间特有的拜年红包，可发送小额的红包，根据金额搭配祝福语。这些形式很贴合现实生活中的过年习俗，切合场景，因此得到用户的认可。

而支付宝红包推出的三种形式——搞笑模式红包、接龙红包、面对面红包，并没有在用户间形成良好的互动，和传统习俗的脱节使这些互动方式没能被大家熟知和接受。从发红包的路径上看，微信路径的设置比较自然，都是在用户预期的行为中触发红包动作，进入红包功能之后的路径比较简单直接。支付宝的红包入口虽然在首页，但是红包的种类很多，相应的层级较多，路径比较混乱，给用户造成了一些困扰。对于群发红包，因为微信有着社交的优势，直接在群里投放红包，路径简洁易操作。支付宝红包则需要记住八位数的红包口令，输入口令才能抢到红包，操作上给用户带来很大的不便。微信红包和支付宝红包比较，微信红包无论是在使用前、使用中还是在使用后，都紧紧贴合用户的预期情感、喜好、认知印象、生理和心理印象，密切联系了使用环境，将使用过程和谐接入系统环境，达到用户体验的目标。

2.1.2 需求层次

马斯洛的需求层次理论将人类需求从低到高按层次分为五种，分别是生理需求、安全需求、社交需求、尊重需求和自我实现需求，如图 2.5 所示。五种需求像阶梯一样从低到高，按层次逐级递升，但其次序不是完全固定的，是可以变化的。需求层次理论有两个基本出发点，一是人人都有需求，某层需求获得满足后，另一层需求才出现；二是在多种需求未获满足前，首先满足迫切需求，该需求满足后，后面的需求才显示出其激励作用。一般来说，某一层次的需求相对满足了，就会向高一层次发展，追求更高一层次的需求就成为驱使行为的动力。相应地，获得基本满足的需求就不再是一股激励力量。

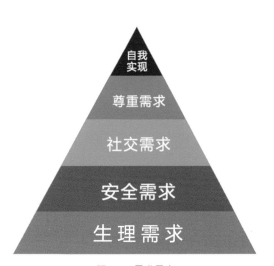

图 2.5 需求层次

五种需求可以分为两级，其中生理需求、安全需求和社交需求都属于低一级的需求，这些需求通过外部条件就可以满足；而尊重需求和自我实现需求是高级需求，它们是通过内部因素才能满足的，而一个人对尊重和自我实现的需求是无止境的。同一时期，一个人可能有几种需求，但每一时期总有一种需求占支配地位，对行为起决定作用。任何一种需求都不会因为更高层次需求的发展而消失。各层次的需求相互依赖和重叠，高层次的需求发展后，低层次的需求仍然存在，只是对行为影响的程度大大减小。

生理上的需求是人们最原始、最基本的需求，如对空气、水、吃饭、穿衣等的需求。它是最强烈的最底层需求，也是推动人们行动的强大动力，只有这些最基本的需求满足到维持生存所必需的程度后，其他的需求才能成为新的激励因素；安全需求比生理需求较高一级，当基本的生理需求得到满足以后，会有产生安全感的欲望，人的感觉器官、效应器官和其他能量等是寻求安全的工具，甚至可以把科学和人生观都看成是满足安全需求的一部分；社交需求也叫归属与爱的需求，是指个人渴望得到家庭、团体、朋友、同事的关怀爱护理解，是对友情、信任、温暖、爱情的需要，人们都希望相互关心和照顾。社交需求比生理上的需求更为细致，它和人们的生理特性、经历、教育、宗教信仰等有关系。尊重需求分为内部尊重和外部尊重。内部尊重就是人的自尊，它是指人们希望在各种不同情境中有实力、能胜任、充满信心、能独立自主，外部尊重是指人们希望有地位、有威信，受到别人的尊重、信赖和高度评价，尊重需求得到满足，能使人对自己充满信心，对社会满腔热情，体验到自己的价值；自我实现需求是最高层次的需求，是指能实现个人理想、抱负，发挥个人的能力到最大程度，达到自我实现的境界的人，解决问题能力增强，善于独立处事，完成与自己能力相称的事情的需求。

　　例如，网易云音乐，如图 2.6 所示，具有音乐社交的特点和良好的用户体验，之所以能在众多产品中脱颖而出，是因为其在功能设计上遵循用户需求层次理论，层层递进，逐渐满足用户的需求，不断提高用户的忠诚。在用户生理需求上，多元化的听歌方式满足了用户最基本的听歌需求；在安全需求上，通过设置多种合作登录方式、自定义绑定平台、自主选择显示模式，满足了用户安全感的欲望；在社交需求上，基于社交属性进行音乐评论，让用户在音乐中寻找共鸣；在尊重需求上，针对现代人面临工作生活压力的同时，渴望被认可和被尊重的心理，用点赞的形式欣赏其他用户创建的歌单，使发布者获得极大的心理满足与认同感；在自我实现需求层次上，很多企业和个人通过网易云进行营销，从而提升品牌知名度，提升自我价值。基于人类需求五层次理论，诠释了受众的心理状态，使网易云音乐积累了众多的受众，在产生商业价值的同时创造社会价值。

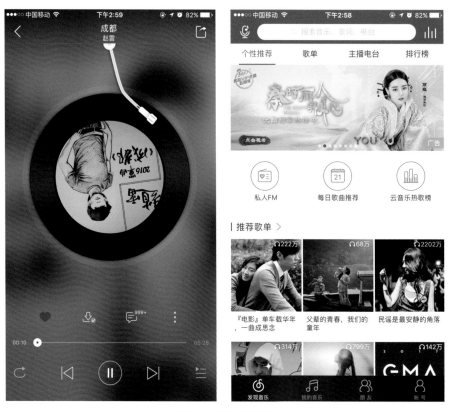

图 2.6　网易云音乐

2.1.3 非物质性

当代社会是一个与以往工业时代完全不同的社会，琳琅满目的商品，电视里播放的广告，竖立在城市各个角落的广告牌，动漫，电影，游戏，受到人们的喜爱……这种变化体现了随着物质生产的发展，人们的消费观念发生了巨大的变化，以往用户关注更多的是产品的功能、样式等，而在当代社会，用户更加关注的是产品与人的关系、产品的内涵，产品的个性化、人性化、情感化等更多服务性的因素。物质和精神生活的不断丰富，使得人们对审美的要求不断提高，产品不再只具有物质价值和功能需求，产品的非物质性，如个性、人性、情感等因素成为用户追求的新趋势。非物质性理论的提出和确立，是当代设计发展进程中的一个重大变革。在现代设计史上，从莫里斯首倡艺术与工业结合到包豪斯提倡艺术与科学的统一，强调功能主义，再到现在非物质设计的飞速发展，都体现了人们消费观念的变化，期待和追求的更多是情感、精神层面的需求。这些产品也体现着随着社会的变化，超越实用功能的变化。产品的非物质设计无疑得到了更多用户的青睐，这些超越了功能的产品是当代社会和科技发展的必然产物，影响和改变了人们的生活。

非物质设计是从物的设计转变为非物质的设计、从产品的设计转变为服务的设计、从占有产品转变为共享服务。非物质主义不拘泥于特定的技术、材料，而是对人类生活和消费方式重新规划，在更高层次上理解产品和服务，突破传统设计的领域去研究"人与非物"的关系，力图以更少的资源消耗和物质产出达到可持续发展的目的。非物质设计的内容主要包括三个方面，信息设计、情感设计和体验设计。

1. 信息设计

信息设计是目前非物质设计中涉及较多的方面，是指人们对信息进行处理的技巧和实践，通过信息设计可以提高人们应用信息的效能，把复杂信息变得一目了然且具美感，化繁为简，再由"简"阐述"繁"的逻辑，便捷时间与空间的维度。信息设计可以通过艺术设计的方式和形式进行表示、传达、集合和处理，以提供某一产品或工具为人们了解、获得信息和使用。信息设计不仅包括信息时代涌现出的电脑软件设计、程序算法设计等，还包括传统工业设计中的产品语义传达、符号设计等，传统的设计原则在信息设计中仍然适用，如可视性原则、图片优势效应等。如图 2.7 所示，为手机产品的硬件解析，将手机产品中的屏幕、内存、摄像头和 CPU 通过图形进行展示，把枯燥的信息转换成图形，更容易吸引人们对它的了解。

2. 情感设计

情感设计是通过设计提供感官能够感知的光、色、味、声音等，使人获得感觉上的满足或冲击。设计中加入感觉的元素由来已久，从鱼纹的出现到格雷夫斯设计的自鸣式水壶，优秀的设计不能忽略情感这一重要的审美元素。而面向情感的设计则是在近年来随着技术的进步和人们情感的需要发展而来的。如图 2.8 所示，三维电影给人以真切的视觉感受和环绕的立体声效果，如在游戏设计和制作中，情感设计的优劣成为重要的衡量标准。随着计算机技术的发展和人们日常生活中娱乐化倾向的增强，基于情感的设计必将成为未来设计中的重要组成部分。

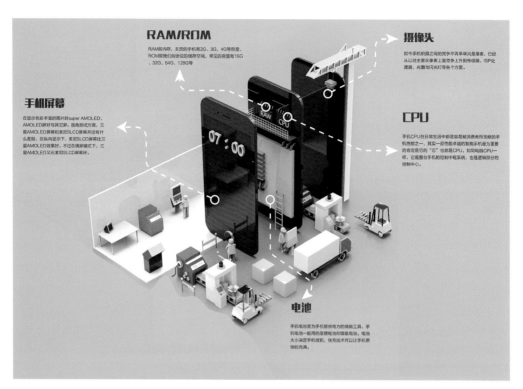

RAM/ROM

RAM即内存，主流的手机有2G、3G、4G等容量，ROM即我们俗说的储存空间，常见的容量有16G、32G、64G、128G等

摄像头

如今手机相机之间的竞争不再单单只是像素，已经从以往主要在像素上面竞争上升到传感器、ISP处理器、光圈与闪光灯等各个方面。

手机屏幕

在显示色彩丰富的图片时super AMOLED、AMOLED屏好与其它屏，视角测试方面，三星AMOLED屏幕和索尼家SLCD屏幕并没有什么差别，在纵向显示下，索尼SLCD屏幕比三星AMOLED效果好，不过在横屏模式下，三星AMOLED又比索尼SLCD屏幕好。

CPU

手机CPU在日常生活中都是容易被消费者所忽略的手机性能之一，其实一部性能卓越的智能手机最为重要的莫过是它的"芯"也就是CPU，如同电脑CPU一样，它是整台手机的控制中枢系统，也是逻辑部分的控制中心。

电池

手机电池是为手机提供电力的储能工具，手机电池一般用的是锂电池和镍氢电池。电池大小决定手机续航，快充技术可以让手机更快的充满。

图 2.7 手机产品硬件解析

图 2.8 三维电影

3. 体验设计

体验设计主要是通过艺术设计从精神上调节人们的生活，让处于快节奏的现代生活中的人们，最终能够切实地享受生活。例如，一些主题公园的设计，如迪士尼乐园、狩猎者乐园等，

以及一些特色餐厅,如热带雨林餐厅等。在体验设计中,人们在谈论设计时,已经不用颜色漂亮、款式新颖之类的用语,而强调的是体验。例如,在汽车的设计中尤为突出,人们形容汽车的优点时往往带有强烈的感情色彩,让人充分享受到驾驶的乐趣、速度感、急速转弯的刺激等。还有一些人喜欢福特·托罗斯车,他们并没有过多地挑剔它的流线式构造,喜欢它仅仅是因为在这款车里有咖啡杯落脚的地方,每次钻进托罗斯车时,手里都拿着咖啡杯,那种感觉很重要。因此现在对一种产品的评价,不是把它仅仅看作一种物质,更多的是其所带来的非物质感受。

现代人们不再盲目地追求物质的丰腴,而是寻求每一事物的更多价值,其中的情感价值与服务价值显得尤为突出。这些价值在产品设计中更多的是以非物质的设计方式呈现出来。非物质性设计无时无刻不萦绕在生活中,它把设计从有形化为无形,却又是人们可以感知的用心设计,推动着人类文明的进程。

2.1.4　信息可视

根据感知心理学的研究,人类对图像的认知速度和接受度要远远大于文字,信息可视主要是指把复杂的、隐晦的、朦胧的,甚至常人难以理解的信息变得通俗易懂,把隐藏在信息中的内在规律以可视化方式表现出来,便于传播、沟通、预测及研究。信息可视化有助于将整个交互流程简单化,使人们更加易于接受。根据研究对象、应用领域等的不同,信息可视化的分类也各有不同,根据信息资源的特征来区分,主要有一维信息可视化、二维信息可视化、三维信息可视化和多维信息可视化。一维信息可视化主要是对简单的诸如文本或者数字之类的线性信息的可视化表达,这种可视化的方式可以很大程度上避免文字处理工作,不只是节约用户的脑力劳动,更主要的是对各类文献信息的检索及知识挖掘也能起到很大的作用;二维信息可视化主要是指包含了两个主要属性的信息,以地理信息系统(GIS)为代表,主要应用于区域规划、交通管理、气象预报等,常见的有健康和普查数据;三维信息可视化主要应用于建筑和医学领域,同时许多科学计算可视化也是三维信息可视化,虚拟现实技术(VR)及数字化图像技术也通常被用于创建和描述现实的三维信息,这种虚拟的三维信息往往比真实的空间更加实用和高效;多维信息可视化中的多维信息是指可视化环境中超过三个属性的信息。典型的如美国马里兰大学人机交互实验室开发的动态查询框架结构软件(Home Finder),能支持iOS 和 Android 系统,能提供多维房屋数据的可视化,用户移动数据库中相关属性对应的滑块,如卧室数量、位置、价位等,查询结果动态更新。多维信息可视化是在二维或三维空间内实现的,主要原因是人们难以抽象想象多维空间,以及现有的技术难以直接表示多维信息。

信息可视化作为一种信息展示、传播、互动及分析的手段,在信息展示、传播或信息分析预测等各个领域里都将获得更为广泛的应用。信息可视化一般适用于大规模非数字型信息资源的可视化表达,致力于创建那些以直观方式传达抽象信息的手段和方法。可视化的表达形式与交互技术则是利用人类眼睛通往心灵深处的广阔宽带优势,使得用户能够目睹、探索以至立即理解大量的信息。以小 Q 天气 App 为例,用户看天气预报的核心目的是看天气状态和温度,如图 2.9 所示,基于时间和用户情绪维度,确定用户的体验峰值,在天气状态上模拟真实的大自然场景，做实时变化的动态天气信息展示，为用户营造愉悦的产品体验。

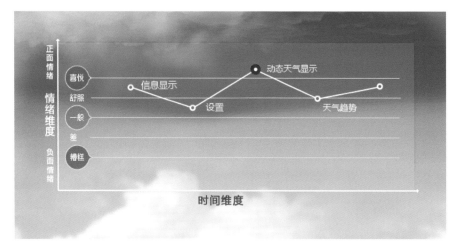

图 2.9 用户体验峰值

　　在明确气象信息的前提下设计动态天气给予用户更强的视觉冲击，从而更真实地还原当前的天气状况，传达给用户晴空万里、烈日当空或大雨滂沱等实时的外界气象变化。基于该设计目标，进行天气分层信息设计，如图 2.10 所示，天气内容信息展示在第一层；玻璃介质层为第二层，考虑到玻璃为透明介质，因此设计中增加了一部分光线的漫反射；第三层为动态天气层，是真实的气象环境模拟；第四层也是最后一层为背景层。

图 2.10 天气分层示意图

　　如图 2.11 所示，在雾天使用灯塔这个比较有代表性的元素，便于聚焦视觉焦点，又可以在冷色系里面添加黄色的暖光，旨在增加温暖感；晴天背光的天气，虽然有太阳的图片更加直观地感受到天晴的氛围，但是由于一般情况下人眼被太阳直射都会感觉到不适，而背向阳光观察事物的时候却感觉清晰、舒适，因此背光的设计强调的是给人愉悦的感觉；雨雪天气的显示实现了从天窗降落的雨滴及平铺的雪花效果的模拟，同时加入了风的随机因素来更好地展现粒子自然的效果。基于不同天气类型将要传达给用户的信息可视化，让用户获得更加直观的感受。

图 2.11　小 Q 天气 App

2.2　交互设计的方法

方法学是研究设计规律、设计程序及设计中思维和工作方法的一门综合性学科。方法学以系统工程的观点分析设计的战略进程、设计方法和设计手段。在总结设计规律、启发创造性的基础上促进研究现代设计理论、科学方法、先进手段和工具在设计中的综合运用。交互设计是交互设计系统的设计，常使用以用户为中心、以活动为中心、以测试为中心和以目标为导向的四种设计方法创建产品、系统和服务，创建从软件到智能产品到服务系统。

2.2.1　以用户为中心

传统的新产品开发常以设计人员的主观想法为主导，依托新技术或概念开发新产品，创造新的需求，用户往往需要经过学习重新建立心智模式的过程来适应产品。在产品开发过程中，设计团队根据主观创意，强调产品的新功能，尽管某些功能可能并不适合大多数用户，设计开发过程中严重依赖于设计人员的才能和素质，其结果可能带来巨大的成功，如乔布斯领导下的苹果公司，但也很有可能导致产品在设计完成后，因不能满足用户的需求而最终失败。以用户为中心的新产品开发，强调在产品开发过程包括前期需要进行大量的调查分析、设计研发和后续测试等过程中，都需要用户的参与以提供必要的反馈信息，以此作为设计参考，从用户的角度出发完成产品的开发过程，从而有效地降低失败的风险。

以用户为中心的交互系统的设计流程共包含五个阶段，如图 2.12 所示，其中后四个阶段可以根据需要进行迭代循环。首先是准备阶段，需要确认新产品开发的必要性，做好计划，为用户需求的获取、测试、优化等做好准备；其次是对使用的内容进行定义，需要明确产品的使用对象、目标、环境等信息；再次，对用户需求进行定义，包括用户定性需求和与使用相对应的产品功能需求；接下来是产品设计阶段，依据前一阶段的需求进行方案设计；最后针对用户需求对产品设计方案进行评估，若未能充分满足用户需求则需要返回到使用的内容进行定义的阶段。

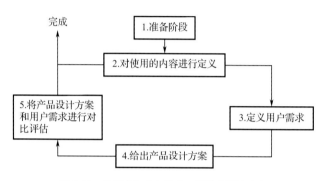

图 2.12　以用户为中心的交互系统的设计流程

通过对用户需求的研究，挖掘出用户的真实需求，在设计的过程中始终将用户的需求放在首位，提升产品的易用性，使产品易学易用、避免操作过程中的失误。以用户为中心的设计要求在产品开发过程中，要考虑到用户有可能采取的行为，理解不同过程中用户的期望值。

以用户为中心的设计要考虑为人设计、认知摩擦和心理与实现模型三个因素。

（1）为人设计。交互设计是设计支持人们日常工作与生活的交互式产品，以用户为中心的研究是对"人"的研究，关注的是独立的"人"对产品的需求和体验。交互设计是关于创建新的用户体验的问题，其目的是增强和扩充人们工作、通信及交互的方式。在设计产品时，需要考虑不同的用户对产品的认知程度和期望，要研究用户作为一个"人"的心理和行为模式，并以此为依据设计符合用户需求的交互方式，让用户在使用产品完成目标的同时获得愉悦的体验过程。

（2）认知摩擦。数字化时代的到来，一方面使人们的生活更加舒适和高效；另一方面，不断出现的新技术、新设计也使跟不上时代步伐的人感到迷茫无助。人们在接触一种新事物时，总是会以过去的认知经验为依据来认识和学习这件新事物，这就使人们在使用一些运用新技术的产品时感到无从下手，只得求助于厚重的说明书和文档，通过再次学习来掌握这些产品的操作。美国学者艾伦·库珀（Alan Cooper）把这种人们在使用新产品中出现的现象称为"认知摩擦"。在数字产品普及的当今，"认知摩擦"现象已经成为设计者不得不面对的问题。

（3）心理与实现模型。要解决认知摩擦，就要引入"用户心理模型"和"实现模型"的概念。用户在认知层面所理解的产品运行机制称为用户心理模型，把程序通过代码实现的机制称为实现模型，把设计师如何将程序功能展现给用户的方法称为表现模型。用户心理模型表示用户如何理解产品的工作，而实现模型表示产品实际上是如何工作的。在数字产品领域，心理模型和实现模型的差异非常明显，因为大多数用户都不可能参加过产品的开发，所以他们不知道产品是基于何种原理运行的，他们只能按照自己日常中积累下来的经验来理解产品、操作产品以达到某种目的。大多数的数字产品都是按照实现模型来设计的，对于产品工程师来说，这些模型非常符合逻辑，但是对于用户来说却很不好理解，带来了明显的"认知摩擦"。交互设计者在设计产品时，应该将实现模型隐藏起来，交互设计应该基于用户心理模型，而不是实现模型来设计。

2.2.2 以活动为中心

以活动为中心的设计也称为以行动为中心的设计。活动即完成某一意图的一系列决策和动作，活动可以单独进行也可以与其他人协作。在以活动为中心的方法中，决策和用户的内心活动不再被强调，强调的是用户在做什么，用户目标和偏好不再被关注，关注的是用户围绕特定任务的行为。活动由动作和决策组成，其任务可以是类似按下按钮这样的简单动作，也可以是复杂到类似于执行发射核导弹的所有步骤。在活动的生命周期里，每个任务都对应一个时间段，每个时间段都可以进行相应的设计。例如，提供一个按钮来启动设备，用标签或说明来辅助用户做决定。在以活动为中心的设计过程中，设计师观察并访谈用户，分析他们对行为的领悟，先列出用户活动和任务，然后设计解决方案。以活动为中心的设计允许设计师专注于当前任务，设计出支持任务的产品和服务。例如，任务"提交表单"可能需要一个按钮，任务"打开设备"可能需要一个开关或按钮等。活动的执行并不一定都是由人来完成的。以活动为中心的设计允许设计师密切关注当前任务并创建对任务的支持。

以活动为中心的设计涉及一个完成目标的过程范畴，它包括在这个范畴内的所有存在，如人的行为、使用的工具、面对的对象、所处的环境等。在运用方法上，一方面要考察人的因素，即研究人的生理、心理、环境等对人的影响和作用，也研究人的文化和审美、价值观念等方面的要求和变化；另一方面，要研究技术的革新与发展，以及它可能带给人类生活和观念上的影响，还要研究人与技术之间如何协调，从而使人类更好更快地享受到技术所带来的巨大改变。

以唱吧 App 为例，如图 2.13 所示，唱吧是一款免费的社交 K 歌手机应用，App 内置混响和回声效果，可以将用户的声音进行修饰美化。应用中除提供伴奏外，还提供了对应的歌词，K 歌时可以同步显示，并且能够像 KTV 一样精确到每个字，同时还提供了有趣的智能打分系统，所得评分可以分享给好友。唱吧 App 增添了聊天功能，登录后可以与唱吧好友进行互动，可以寻找好友、附近群组和附近歌王，参与兴趣圈的交流。唱吧 App 以唱歌活动为中心，打造良好的唱歌氛围，挖掘用户更深层次的需求。

图 2.13 唱吧 App

2.2.3 以测试为中心

可用性是用来衡量产品质量的重要指标，从用户角度来判断产品的有效性、学习性、记忆性、使用效率、容错程度和令人满意的程度。可用性测试是在交互设计中不断获得用户反馈，根据用户反馈不断优化产品设计的一种方法。其目的是建立评价标准，尽可能多地发现可用性问题，并指导产品设计和改进，尽可能地提高产品的可用性。可用性测试是在产品或产品原型阶段实施的，通过观察、访谈或二者相结合的方法，发现产品或产品原型存在的可用性问题，为设计改进提供依据。可用性测试不是用来评估产品整体的用户体验的，主要是发现潜在的误解或功能在使用时存在的错误。以眼动仪测试为例，功能的外观设计隐喻其本身功能性，让用户能够很容易发现并使用。例如，红色的按钮吸引人们的点击，可见性通过这种方式自然而然地引导人们正确地完成任务。缺乏可见性会导致可用性问题，用户找不到或花费很大力气找到需要的功能，在此过程中，用户要浪费多余的注视点、进行多次眼跳去寻找他们需要的功能，错误地突出不重要元素同样会让用户误入歧途。交互元素在视觉上的强弱要与其功能在界面上的优先级相匹配，设计以达成有效用户目标或完成任务为目的。眼动追踪将人的视觉获取信息的行为显性化，让人们有机会去观察用户是如何从界面上获取信息的，通过用户在界面上的注视行为轨迹和时间判断界面元素被注意的程度。用户在界面上扫视他们需要的内容，从眼动轨迹看，大量注视点散落在各个分离的区域，整个眼动过程带有一定随机性，而且速度很快。眼动轨迹可以清楚地显示用户阅读了哪些文本信息，用户通常通过一两个注视点就可以决定是否需要阅读此内容。

例如，2010 年上线的儿童类游戏"洛克王国"，在对儿童这类用户群体的浏览习惯、思维和感知等情况的深入了解下，利用可用性测试来判断更加适合儿童这类用户群体的行为习惯。通过对"洛克王国"官网首页与"七雄争霸"官网首页的热区图来分析，如图 2.14 所示，左图为儿童用户浏览习惯热区，右图为成人用户浏览习惯热区，儿童用户在浏览页面时与成人用户浏览时存在一定的区别。儿童注意力不集中，很喜欢用鼠标点击，没有一定的焦点的点击，而成人用户则是很有目的地去点击自己需要的内容，儿童用户的思维与成人用户的思维是存在一定差异性的。因此在设计游戏界面时，通过眼动仪测试结果得出的儿童浏览习惯对产品的优化设计具有一定的意义。

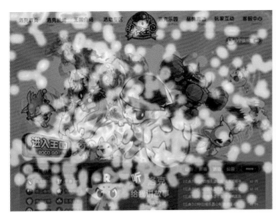

图 2.14　用户习惯测试对比

　　人经常会面临多个设计方案的选择，如某个按钮是用红色还是用蓝色，是放左边还是放右边。传统的解决方法通常是集体讨论表决，或者由某位专家或领导来决定。虽然传统解决办法多数情况下也是有效的，但测试是解决这类问题的更好的方法。可以为同一个目标制订 AB 两个方案，如两个页面，让一部分用户使用 A 方案，另一部分用户使用 B 方案，记录下用户的使用情况，看哪个方案更符合设计目标。例如，以男性时尚电商平台 FRANK & OAK 为例子，如图 2.15 所示，通过匹配每个用户的兴趣和行为，为每个用户打造专属的购物体验，使平台的服务更完善。为了体验这一个性化的服务，用户首先需要注册 FRANK & OAK 的 App。FRANK & OAK 团队通过登录页的改进设计展开主动性测试。首先尝试改变填写框并加上 Facebook 账号辅助登录机制，其次看增加 Google 账号登录是否会增加注册量，如图 2.15 所示，可看出前后对比。测试数据显示，"connect with Google（通过 Google 账号登录）"这一按钮的添加为 FRANK & OAK 带来了高达 1.5 倍的注册量。

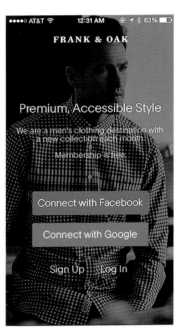

图 2.15　FRANK & OAK

2.2.4　以目标为导向

交互设计希望设计合理的行为，帮助用户更好地理解和使用产品，以满足用户的各种需求，达到用户的不同目标。以目标为向导的设计，其本质是"让用户轻松实现自己的目标"。因此，目标导向的设计首先关注的是人的目标，比如去哪儿 App 关注用户旅游休闲，淘宝 App 关注用户购物，豆瓣音乐 App 关注用户培养音乐审美，微信 App 关注用户的社交；其次，目标导向的设计通过满足用户各种需求来达到他们的目标，如淘宝 App，首先需要帮助用户在众多产品中挑选他们需要的商品，然后帮助用户将中意的商品放到一个方便找到的地方，如购物车，再帮助用户完成付款的过程，最后还要帮助用户了解出货情况、物流进度等，所有用户需求的解决，都是为了达到用户快速愉悦的购物目标。

以目标为导向的设计过程包括调查研究、利益关系人访谈、建模、需求定义、设计框架、设计细化和设计支持。调查研究，定义项目范围、目标、日程；利益关系人访谈，了解产品前景规划和各种限制；建模，建立用户角色、使用者和客户模型；需求定义，设定情境场景剧本，描述产品的需求，如功能需求、数据需求、使用者心理模型、设计需求、产品前景、商业需求、技术等；设计框架，定义信息和功能如何表现、设计使用者体验的整体架构、描述用户角色和产品的交互；设计细化，将细节细化并具体化，如外观、界面、行为、信息、视觉化等；设计支持，设计修正，在技术约束发生改变时，保持设计概念的完整性。其中，调查研究、利益相关人访谈、建模和需求定义都是为了更好地理解用户的目标和需求，设计框架和设计细化是具体的设计部分，最后的设计支持就是开发实现阶段。用户目标是目标为导向设计法的最核心的元素。确定用户目标，主要是从功能的场景出发，来明确用户的需要。用户场景是在某时间，某地点，周围出现了某些事物时，特定类型的用户萌发了某种欲望，会想到通过某种手段来满足欲望。

例如，在对 App 的登录过程进行设计优化时，数据显示很多用户没有完成操作就离开了，分析其原因，是登录操作过程麻烦。用户往往需要的是快速登录，希望登录越简单越好，越快越好。在确定用户目标时，应从用户的角度出发，思考用户如何使用产品，如何让用户感觉更加易用。通过人、目的、行为、环境、媒介、疑点、要点、策略等用户的行为分析让用户轻松实现自己的目标，对用户产生连续行为的分析，为用户打造良好的用户体验。无论是软件产品还是硬件产品，都应当关注用户的目标，以最简单直接的步骤给用户想要的结果，尤其是在移动互联网碎片化、易打断的使用场景下，更应该避免增加过多的步骤或操作任务。打造最直观的交互给用户直观的信息反馈，同时交互要符合用户期望模型及潜意识行为。

以"淘宝分享"为例，用户在浏览选择商品时，基于用户特征行为，通常会有分享的需求，这里，用户的目标就是将自己喜欢的宝贝分享给好友。以好友分享这个目标为导向，通过两种方式来实现这个功能需求，如图 2.16 所示，一种把分享按钮以明确的功能入口在特定的宝贝详情页中展现给用户，按照分享方式，分为第三方平台、复制链接、二维码图片和最近联系人四类；另外一种分享，是建立在用户已有的分享模式上，如截图分享，在用户产生截图这个动作之后，预判断用户的下一步可能性的行为是分享，截图动作结束之后立即弹出分享的上弹页面，提示"发送截图 + 淘口令给好友吧"，点击分享渠道即可实现用户目标；预判断用户的行为，将用户分享的整个流程简化，避免再次退出淘宝打开其他社交应用的烦琐程序，一般来说，用户截图大多数时候都是为了分享给他人，少部分是为了留底备份。所以检测用户的截图操作，提示用户进行分享，既缩短了以前分享截图的操作路径，避免了在长路径中的行为中断，如截图完成后忘记分享或觉得麻烦放弃分享等，也会让用户觉得贴心。

图 2.16　淘宝分享

课后习题

1. 列举生活中的不良设计，并按照用户体验的分类进行区分。

2. 影响用户体验的因素有哪些？

3. 选择一款产品，从需求层次出发对产品进行分解。

4. 非物质设计主要包含哪几个方面？

5. 以用户为中心的交互设计有哪几个阶段？要考虑哪些因素？

6. 列举生活中以活动为中心的设计案例。

7. 针对大学课程表，分析信息的优先级，用信息可视化形式进行表达。

第 3 章

交互行为与交互形式

交互设计是针对用户使用产品的行为方式而进行的设计，是一个连贯的过程，串联起用户、目标、行为、媒介和场景等，最终帮助人们实现某种目标。交互设计是动作的信息化过程，包含信息发出和信息反馈两个部分。交互的实现要考虑使可视的信息元素容易被用户所理解，辅助用户做出恰当的操作，并反馈操作结果。探讨其交互元素的设计规律，达到可用性、易用性是用户体验的目标所在。随着时代与科技的发展，交互形式也日新月异，智能手机的出现带来了交互形式的革新，各种人工智能的应用使交互形式呈现多样化。形式与行为密不可分，交互形式决定了用户以何种方式和途径与产品发生信息交换。交互形式应当适应使用场景，与目标用户的认知心理和行为习惯相贴切，带来更好的认知效果，提高用户在使用过程中的准确性与效率。

3.1 交互行为

交互过程有五个要素，分别为用户、行为、目标、场景和媒介。设计师从目标出发，遵循用户的习惯，考虑产品的使用场景和媒介，设计出合适的交互行为。好的交互行为应当自然顺畅，在操作流程和心理体验上都畅通无阻。不恰当的行为和形式会给用户造成困惑和阻碍，容易使用户放弃体验。交互行为需要基于商业目的、用户体验创新、科技创新等角度综合考虑。同时，应该遵从设计让世界更美好的原则，好的交互设计培养用户获得更好的行为习惯，与周围环境更好地互动。本节将解构交互行为的类型、模式和过程。

3.1.1 交互行为的类型

1. 物理行为

物理上的交互可以简单地归纳为人机交互。人在界面上进行操作，系统按照人的指令执行动作，并在界面上有所显示，给人以反馈，这是一个可见的、有载体的、可记录的过程。例如，早期按键手机，用户的操作只有按按键的动作，而智能手机诞生后，触屏催生了一系列的指尖动作，在二维的触摸屏幕上，人们可以进行单指点按、左右划屏、双指放大、拖曳、长按和短按等操作，如图3.1所示。又如，在实体的零件，如把手、旋钮、推拉杆上，人们习惯于整只手或多个手指操作，有抓握、旋转、扳下、拨动等。

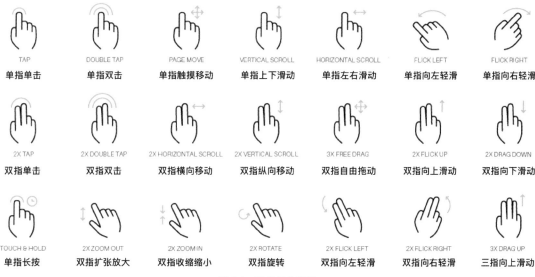

TAP 单指单击	DOUBLE TAP 单指双击	PAGE MOVE 单指触摸移动	VERTICAL SCROLL 单指上下滑动	HORIZONTAL SCROLL 单指左右滑动	FLICK LEFT 单指向左轻滑	FLICK RIGHT 单指向右轻滑
2X TAP 双指单击	2X DOUBLE TAP 双指双击	2X HORIZONTAL SCROLL 双指横向移动	2X VERTICAL SCROLL 双指纵向移动	3X FREE DRAG 双指自由拖动	2X FLICK UP 双指向上滑动	2X DRAG DOWN 双指向下滑动
TOUCH & HOLD 单指长按	2X ZOOM OUT 双指扩张放大	2X ZOOM IN 双指收缩缩小	2X ROTATE 双指旋转	2X FLICK LEFT 双指向左轻滑	2X FLICK RIGHT 双指向右轻滑	3X DRAG UP 三指向上滑动

图3.1 手的操作姿势

当界面交互上升到更智能的体验设计时，交互的形式将更加直观。谷歌公司（Google）于2016年公布了Project Soli手势雷达技术。此技术的核心是在可穿戴设备、电器中放入雷达芯片，从而能够感知用户手指的细微操作，用户在一定距离内隔空做出操作手势，如位移、转盘、按压、拖动等，如图3.2所示，便可以操纵设备。例如，智能手表等可穿戴设备，用户可以隔空自己模拟着转动手表的旋钮，从而实现时间调整操作。这种全新的操作方式将会把触屏及实体硬件的使用率降到最低，几乎所有可穿戴设备都有可能用上这个技术，实现更加流畅、人性化的人机互动方式。

良好的交互形式来源于用户在现实生活中积累的认知经验，如手势雷达技术希望能达到用户可以在设备附近凭空控制它的效果，且能根据不同手势进行控制。用户可以假想存在平面、按钮或旋钮等调节设施，然后按照相应手势进行操作即可，人机交互方式上升到非常简洁且人性化的高度。

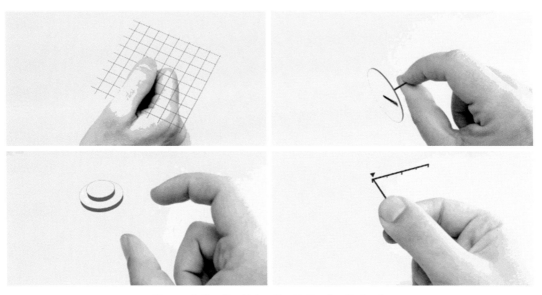

图 3.2　位移手势、转盘手势、按压手势、拖动手势

2. 感知行为

如果将马斯洛需求层次理论延伸到人机界面的领域中，不难看出产品除了具有功能上的可用性之外，还更应考虑到用户的互动体验，如美感、舒适、满意和愉悦性等。人类审美价值有两个基本的方面，第一是感性体验，即形成对象的外部形式，尺寸大小、颜色、亮度、表面特征等自然性质；第二是来自于人的认识与感受、人的审美感知，即审美价值的规律与意义，是人与审美对象关系所表达的意义，与产品所体现的民族、文化、时尚和时代潮流息息相关，和感性体验交织成更为复杂的美感、满意和愉悦性体验，愉悦性使人的认识活动进入更高一层的精神领域。

以 App 的交互设计为例，设计时需要把人、动作、工具、媒介、目的和场景等要素合理整合，侧重用户的情境体验。App 交互体验分为感官体验、情感体验、思维体验、行为体验和关联体验五个层面。感官体验，界面基于视、听、触等感觉器官带给用户的直观感受；情感体验，设计形式以用户心理和内心情感为依托；思维体验，界面通过设计引发用户思考；行为体验，以引导用户互动为脉络创建体验；关联体验，综合、超越上述四个层次的体验，是用户通过 App 与外界产生联系的体验。创造娱乐性、教育性数字媒体产品中互动元素的趣味性和娱乐性也是"人性化"设计的一种表现，通过游戏的方式来设计多媒体互动元素，使其具有很高的娱乐性，正是人们本性回归的体现，是人们日益追求的休闲、愉悦的生活和学习方式。以抖音 App 为例，如图 3.3 所示，除了浏览、制作、分享短视频和直播等基本功能之外，抖音 App 还具有一些特色功能，如一起看视频、合拍视频等，赢得了大量用户的支持和偏爱，若只为了感官体验，很多 App 都能实现制作视频、直播的功能，但考虑到情感体验、思维体验等层次，设计得好的屈指可数。

图 3.3 抖音 App

3. 体验行为

"用户体验"指的是用户与系统交互时的感觉，用户体验的目标与可用性的目标不同，后者更为客观，而前者关心的是用户从自己的角度如何体验交互式产品，而不是从产品的角度来评价系统的有用或有效。当前，学术界根据体验深度将体验划分为三个层次。第一层次指持续不断的信息流向人脑，用户通过自我感知确认体验的发生，是一种下意识体验；第二层次指有特别之处且令人满意的事情，这是体验过程的完成；第三层次把用户体验作为一种经历，作为经历的体验考虑到使用的特定环境，能帮助用户与设计团队之间共享其发现。美国交互设计专家杰西·詹姆斯·加勒特（Jesse James Garrett）认为用户体验"是指产品在现实世界的表现和使用方式"，认为用户体验包括用户对品牌特征、信息可用性、功能性、内容性等方面的体验；美国认知心理学家唐纳德·诺曼 (D. A. Norman) 将用户体验扩展到用户与产品互动的各个方面，认为为了更好地理解用户的技术体验，还应注意到情感因素的作用，这些包括享受、美学和娱乐。从人的认知过程模型看，诺曼认为人的认知包含三个基本层面，物理、认知和情感。体验是属于情感层面的，诺曼将人的情感体验分为三种不同水平——本能、行为和反思水平。交互过程中获得的用户体验受到用户、产品、社会因素、文化因素和环境的影响，所有这些因素均影响着用户与产品交互过程中的体验。

体验不是孤立的过程，视觉、操作和文化氛围等因素都是体验的组成部分。如图 3.4 所示为哔哩哔哩 App，是以动漫和宅文化为主要内容的视频网站，其最吸引用户的操作是观看视频的同时可以添加弹幕评论。界面和视觉上采用了动漫元素，包括小图标和加载时的动效被精心设计为动漫风格，发送的弹幕可以自己选择颜色和位置，用户进入 App 就会被热闹的氛围萦绕。

图 3.4 哔哩哔哩 App 的图标和加载动效

3.1.2 交互行为的模式

用户与产品交互的过程其实是对产品的认知过程，即通过感知、注意、记忆和处理反馈等认知行为获取信息、加工信息、储存信息及使用信息的高级心理历程。如图 3.5 所示为用户对交互类产品的认知模式。在欣赏产品时，用户通常借助感知系统"感知"其中的色彩、声音等；同时，按照自我诉求及兴趣所趋"注意"能吸引自己的产品或某一产品中的某一内容；然后进入"记忆"系统，通过以往的记忆、经历、感悟获得深切理解，并产生"情感"变化，再经由"反馈"系统直接与产品产生互动。

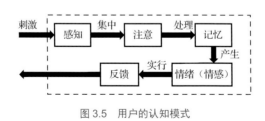

图 3.5 用户的认知模式

1. 刺激感知

人类已置身于网络化的生存空间，数字图像的虚拟现实已经改变人类对传统视觉语言的习惯，基于人类的感官系统的交互技术，为设计师创作新的形式提供了很好的硬件支撑。用户在欣赏产品时，感知是认知过程的第一步。如当代许多电子产品已突破传统中人类单一的视觉感官体验，尝试用多种感官去刺激用户，由视觉、听觉、触觉、味觉与嗅觉带来感官刺激，创造出各种知觉体验。促进产品与用户之间的交流与互动，使其更深刻地领悟理念、内涵和美感并产生对产品的情感共鸣。

（1）视觉感知

视觉系统是人类与外界环境接触和交流借助最多的知觉系统，大约有80%以上的信息是通过视觉系统来获得的。如图3.6所示，大多产品都需要视觉感官的参与，用户首先是通过眼睛观察，捕捉颜色、形状、大小等信息，经由整个视知觉过程，对产品有初步的视觉审美体验。视觉能够识别的外界特征主要有造型、颜色、大小、远近、明暗和运动方向等。产品设计中若想将易用性达到最大化效果，需考虑采用何种表现形式更容易吸引用户的视线。从点线面的角度来看，块面较大的色块较能吸引人的视线。然而在较为完整的面上，点则会变成视觉焦点。因此视觉元素需综合考虑，对比择优。从版面、色彩、形状和图片内容上影响用户的视线，形成良好的视觉流，有助于使交互体验变得顺畅。

图3.6　图片内容引导视线

（2）听觉感知

听觉源于声音的刺激，与视觉是一个整体性的联觉，可以给用户感官上更深层次的体验，没有听觉，许多产品的表达便不完整。一些交互产品中通过特定的声音给用户提供合乎情境的听觉信息，塑造环境感，使其在结构上更加完整，弥补了单一视觉感官的局限性。同时，声音可以增强感染力，恰如其分地感知内涵，让用户在其中产生沉浸感。如图3.7所示为游戏《超级玛丽》，其音效已经成为一代人的记忆，吃蘑菇、变大或变小、撞到障碍物等都有特定的音效。当前进的路线顺畅时，熟悉的音效也流畅地依次响起，此时用户心中便会产生畅快感和成就感，而当操作不当时，马里奥死掉时，特定的音效响起，用户便会感觉到沮丧和自责。音效对于这样一款闯关游戏来说，是不可缺少的重要元素。

（3）触觉感知

通过触觉可以传递关于产品的细微信息，凹凸不平的沧桑，坚硬冰凉的冷峻，还有顺滑细腻的高雅。触觉较视觉更加真实而细腻，不同于视觉那样可以在物体之间自由地移动，而是通过接触感觉目标获得真切的触感。在新技术、新思维的支撑下，设计师在产品的设计中更多地融入触觉感受，产品给用户带来视听享受的时候，触觉带给用户特别的感性体验。许

图 3.7　游戏《超级玛丽》

多虚拟产品特意去模仿和还原真实世界的触感，以期带给用户更加真实的体验。2016 SIGGRAPH 大会（美国计算机图形学会议）展示了研究中的触觉反馈应用，如图 3.8 所示，这个设备主要是基于一块振动的金属板，可以提供多重感觉触觉。用户在戴上相关设备之后，把手放在金属板上，然后就可以在桌面上控制一个反弹球，或者是一个移动的火花，可以感知定向的振动，这种振动精确模拟了桌面上正在发生的事情，然后耳机中还会传来位置音频，可以听到正在发生的事情。

图 3.8　触觉反馈

（4）味觉感知

在现代产品的五感体验中，味觉的应用是最难和最少的，通常是通过其他感官的刺激来得到味觉体验，如在食品包装中，通过表面的形状、色彩、材质等就可以感受其味道。味觉能够和经验积累、人类深层次的心理活动联系起来，味觉能够激发想象和回忆，表达上更能达到情感的共鸣。味觉判断可以决定一个人是接受还是拒绝此时所处的环境。由数码味觉接口，通过电刺激模拟和热刺激模拟可以让用户体验到酸、咸、苦、辣、甜味和薄荷味等多种味道。许多研究机构和企业都纷纷投身到味觉模拟的研发中，可是由于气味的不可控性导致至今为止的味觉模拟设备还都处在实验阶段。如图 3.9 所示为实验人员正在体验数码味觉接口。

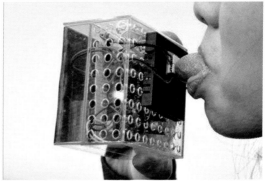

图 3.9　数码味觉接口

（5）嗅觉感知

　　嗅觉带来的感受也是独特的，嗅觉体验逐渐得到设计师们的关注，将气味信息融入产品中，会为产品增添趣味化的体验，如图 3.10 所示为耳机式气味播放器。气味王国的两款产品"卡扣式气味播放器"和"耳机式气味播放器"填补了嗅觉领域空白，配合 VR 眼镜的视听效果，可以实现用户音、画和味的三重享受，播放器可以从气味库的 1300 多种气味中同时搭载 5~8 种不同气味，利用微电磁技术达到毫秒级控制，可以配合 VR 短片、影视游戏等场景，做到所见即所闻。播放器可以配合 VR 内容，在需要气味的场景里播放相应的气味，VR 短片中如果是一片大草地，用户可以通过 VR 智能气味播放器嗅到草的清香，短片中如果是一片花海，就可以嗅到花香。

图 3.10　气味王国的"耳机式气味播放器"

2. 集中注意

　　注意，即有选择地感知事物，是信息加工过程中的一个阶段，只有被注意到的事物方可进入到记忆系统，任何一个心理过程自始至终都离不开注意，正如俄罗斯教育家乌申斯基

（Ushinski）所说，"注意正是那一扇从外部世界进入到人的心灵之中的东西所要通过的大门，一切心理活动都离不开注意"。如图 3.11 所示为用户的注意结构图，用户在体验产品时面对产品中各类内容信息的刺激，会选择性地集中注意于那些主观感兴趣且符合需求的内容，一旦选定了注意的内容，根据个人的主观意愿长时间、持续性地集中注意力于该内容信息，同时，能够根据主观意愿把注意力从此内容转移到新的内容信息上。

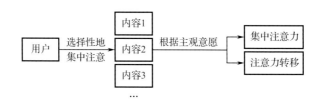

图 3.11　用户的注意结构图

为进一步分析用户的注意，使用眼动仪对用户做眼动实验，以《机器人·霓虹灯》产品为例，通过实验得出如图 3.12 所示，从图（b）中可清晰地看出用户的视线轨迹，眼睛先大致浏览产品，然后集中注意产品中的某些部分；从图（c）中可看出用户的视线停留热区，橙色的区域为用户注意力高度集中的部分，色彩、形状或大小等都可引起其注意的集中。由产品的眼动实验可知，在对产品的认知过程中，用户首先通过视觉系统获取产品初步信息，满足用户的需求、关注点和兴趣点可引起长时间的注意，反之注意力将会转移。

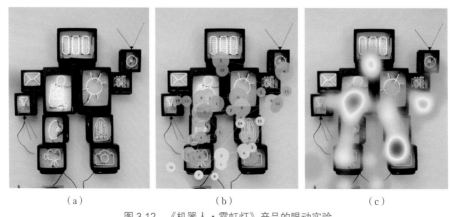

（a）　　　　　　　　　（b）　　　　　　　　　（c）

图 3.12　《机器人·霓虹灯》产品的眼动实验

3. 处理记忆

记忆作为个体最重要的心理内容之一，人们的个人意识、行为都离不开人们的日常经验，人们能够正确辨别周边的事物，都依赖记忆，如图 3.13 所示为用户的记忆结构图。记忆一般包括感觉记忆、短时记忆、长时记忆。用户熟悉一款产品时也根据需要合理地处理和使用这三种记忆，产品信息先经由用户的感觉记忆，其接受的部分刺激信息不会在短时间内消失，由感觉记忆向短时记忆递进；这些经过选择并通过加工转化来的短时记忆如果不在规定的时间内再次转化为长时记忆，那么就会逐步被遗忘；长时记忆作为人脑记忆模式的最终环节，信息能在大脑中被长期保存，形成知识，同样也可能转化为短时记忆。通常，在用户与产品互动过程中，被转化为知识的长时记忆使用得比较广泛，一些习以为常的视觉画面、交互动作等能使用户根据自身的知识经验本能地与产品产生互动。

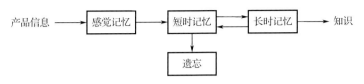

图 3.13　用户的记忆结构图

如图 3.14 所示为《星球大战（Star Wars）》，该产品的体感设备可以侦测手部微小动作、眼睛的转动，面部表情的变化，甚至声波在空气中的震动，可以通过向上、向下、摆动、旋转的手部动作来控制整个互动装置。这些动作的设定应用了人的长时记忆，优先考虑人习以为常的习惯、经验，如轻轻一挥手即可把一部分元素聚集于屏幕中间，达到"挥之即来"的效果。

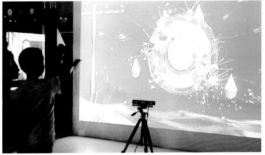

图 3.14　《星球大战（Star Wars）》

记忆中很重要的一个部分是情感。情绪是人对内心世界的外在表达，一般有喜、怒、哀、乐、愁，人的任何情绪，都是内心情感在"可见"的形式下寻求的表达。以"交互"为情感枢纽，用户不再是被动地接收信息，而是将自己投入其中，将基于自身的经历、感悟、心境和情绪产生的快乐、悲哀、愤怒和恐惧等情感反应通过与产品的互动加以传达。如图 3.15 所示为设计师和用户的情感交流过程。

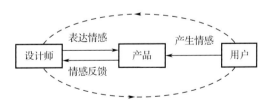

图 3.15　设计师和用户的情感交流过程

4. 实时反馈

反馈是将处理后的信息传回给指令输出者的过程，让用户知道自己行为的结果。当使用者执行某项操作时，反馈可以帮助了解这个操作是否执行完成或尚未执行。产品中加入反馈环节才使其具备交互性，用户把自己对产品的解读反馈给产品，与产品产生互动，进而实现设计师和用户之间的情感交流。例如，用户通过身体的动作、手势的变动、眼睛的凝视或声音传达某项信息或者要求时，产品能够依照其所需提供适合的信息回应。在产品交互设计中，适当运用提示性的操作反馈可以优化用户体验，提高产品转化率，即让用户有心理预期，能确定自己的操作是否被执行。如操作是否被撤销，执行后会产生哪些影响，在哪里可以查询结果，出了问题该怎么解决等，从而提高用户进行下一步操作的转化率。如图 3.16 所示为 App 中的部分反馈形式。对于用户而言，反馈设计的目的主要告诉用户发生了什么，用户刚刚做了什么事；哪些过程已经开始了，哪些过程已经结束了，哪些过程正在进行中，用户不能做什么，用户刚刚操作的结果是什么等。

图片形式的反馈

弹窗形式的反馈

动画形式的反馈

标签形式的反馈

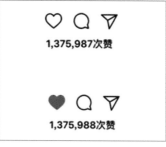

变更状态形式的反馈

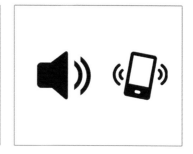

声音和震动形式的反馈

图 3.16　App 中的部分反馈形式

3.1.3　交互行为的解构

1. 感知的响应

在信息时代和网络时代的大背景下，各类数字技术，如计算机网络技术、虚拟现实技术、全息投影技术、体感交互技术和多通道交互技术等的风靡，为设计新的形式提供了很好的技术支撑。设计师开始尝试用多种感官去刺激用户，提高其对产品的响应程度，促进产品与用户之间的交流与互动。人对客观事物的认知是从感觉开始的，是最简单的认知形式，人类通过对客观事物的不同感觉认识到事物的各种属性，感知觉是产品的形式、信息的联络方式，感觉是产品传达和接受的起点。因此，在设计时需要考量用户心中期待的感知觉经验，使信息可以高效地传达给用户。

（1）视觉吸引

认知心理学相关研究表明，大约有 80% 以上的信息是通过视觉系统来获得的。而交互类产品基本都需要视觉感官的参与，用户首先是通过眼睛观察，捕捉颜色、形状、大小等客观情况。因此，优秀的产品的视觉设计能在特定的环境中让用户迅速被吸引并发现其巨大的魅力所在。在进行产品创作时，设计师需要从视觉出发，从多个方面入手，如色彩的搭配、造型的设计、材料的应用等。好的视觉要素的运用可以让产品独树一帜，产生差异化，吸引和激发用户的兴趣，让其主动参与到其中。此外，深入了解用户人群视觉认知特征，运用合适的视觉元素并把握好视觉顺序层次、色彩意涵、视觉隐喻和相似性原理等，更能有效地增强对用户的吸引力。在苹果手机 App Store（应用商城）中，海量的 App 应用等着用户去下载和体验，一个漂亮的应用图标就显得至关重要，使用户从第一印象就建立起对产品的认同感和兴趣感。如图 3.17 所示是一些 App 的图标，其中 UC 头条 App 是一款提供资讯信息的新闻 App，其应用图标从图形色彩和设计手法上都传递出文人的气质。又如每日故宫 App，其图标运用的是祥云和徽章，配色设计使人联想到红墙金瓦。通过一些别具匠心的创意表现，可以打造产品的气质。例如网易美学 App 的图标，将两颗桃心一左一右组合成艳丽动人的红唇，深刻而又有内涵；又如睡眠应用 Pillow App 的图标，是一个点缀满星空的枕头。

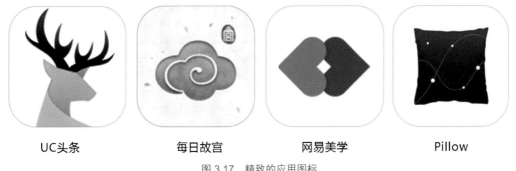

| UC头条 | 每日故宫 | 网易美学 | Pillow |

图 3.17 精致的应用图标

（2）听觉融入

听觉是由声音刺激的，是仅次于视觉的重要感觉。听觉也是一种吸引方式，设计师在产品中加入声音更能够让用户产生好奇感，通过特定声音的营造，给用户提供合乎情境的听觉信息，塑造环境感，大脑便可以恰如其分地感知内涵，提高感染力。在产品中增加声音效果可以弥补视觉的局限性，带给用户更人性化的体验和服务。在 AI（人工智能）的大潮中，语音的作用越发重要。苹果智能语音助手"Siri"，不仅能按照用户的语音指示做出操作，还能够分辨口音、主动为用户推荐商店和出行方案等。智能语音的应用如今已非常广泛，语音识别、听歌识曲、听书和在线问答等都已经为用户所熟知，还有更多互联网语音应用等待设计师去开拓。如图 3.18 所示为 Q 音探歌的听歌识曲功能和咪咕灵犀的语音助手功能。

（3）触觉沉浸

触觉是人的触觉神经在感知客观事物时所产生的心理感受，包括对客观事物外部形状、材料质感的感知，体现人对事物的多元化的认知。人的触觉在人的认知和生活中有着至关重要

识别中...

音乐音量太小，请调大音量或靠近音乐

Q音探歌 听歌识曲　　　　　　　　**咪咕灵犀 语音助手**

图 3.18　语音类应用

的作用。一方面触觉感知较视觉、听觉更加真实而细腻，它不像视觉那样可以在物体之间自由地移动，而是必须通过接触具体感觉目标，获得最为真切的感官体验。另一方面，触碰给用户以亲身操作的感受，在类似 DIY、手工艺、个性定制等概念的产品中，启发用户的触觉能给用户带来专属感和拥有感。设计师在产品设计中融入触觉感受，可以让用户感到真实、新奇和惬意，拉近用户与整体环境的距离。如图 3.19 所示为智能触控点餐桌，触屏与桌面融为一体，用户直接用手指在桌面上点餐，图中的披萨由用户来点选配料，选中配料后将实时显示在屏幕上。

图 3.19　智能触控点餐桌

除了直接接触的交互产品外，智能层面的交互产品也在探索"无触觉"体验，即远程控制的体验。设计师试图拉大手势操控的距离，许多远程手势控制的案例正在被开发和验证。

（4）味嗅觉通感

味觉体验一般是通过其他感官刺激来得到的，比如人们看到红色的饮料，脑海中潜意识就会认为是草莓味道的。味觉能够和经验积累、人类深层次的心理活动联系起来，表达上更能达到情感的共鸣。嗅觉的特点就是让用户在呼吸之间，在不经意间对产品产生注意乃至于留下深刻印象。英国设计师约瑟夫·鲁德亚德·吉卜林（Joseph Rudyard Kipling）认为，气味要比景象和声音更拨动你的心弦。将味觉、嗅觉运用到产品的创作中，可以让用户加深记忆并能唤起人们记忆深处的情感。如图 3.20 所示为新加坡国立大学创作的"电子棒棒糖"的作品，是一个独特的基于味觉体验的交互设计，通过电流或热力的变化去刺激舌头，从而模拟人的原始味觉，让用户通过舌头接触，能尝到酸、甜、苦、辣、咸等味道。由此可见，实现电子化和远程化的味觉体验是未来人机交互的一个趋势。

图 3.20　电子棒棒糖

2. 注意力的集中

交互具有选择性、转移性和持续性的特征，通过眼动仪实验进行验证，表明用户会选择性地注意产品中的某些部分，通常，用户在使用了产品的某项功能之后，再次使用时还会从此功能开始，重复的交互能够产生黏性，从而留住用户。因此，设计师在设计时需要考量如何呈现产品，才可让用户集中注意力且能再次实现。

（1）贴合用户需求

用户关注特定的对象是因为"需求"，能够满足用户需求的动机事件可引起长时间的注意。如今无论是工业硬件产品还是基于移动互联的 App 产品，都需要进行用户需求分析，微信创始人张小龙认为把握"人性"是做产品最为重要的环节，了解用户最需要什么，才能真正做到引起用户的注意，做出其喜欢的产品。在设计产品时，设计师应该先考虑产品的目标用户，务必让产品满足这部分用户的需求，引导与产品产生互动，实现信息的完美传达。

（2）激发用户兴趣

人类的好奇心不会对熟悉的对象感兴趣，因为很熟悉，所以没有新鲜感。产品要吸引用户注意力首先需要新颖和独特的形式。否则，产品所传递的信息就不会被接收到，因为接收者根本就没去注意这件产品。新奇的形式能够很快让用户产生兴趣，新鲜的对象、新鲜的结构、新鲜的感觉等可以更广泛地刺激用户的心理，产生广泛的注意和兴奋。如图 3.21 所示为一些品牌在天猫"双十一"活动中的宣传海报，各品牌将天猫 logo 与自身产品相结合，新颖丰富的视觉效果极大地吸引了用户的眼球。

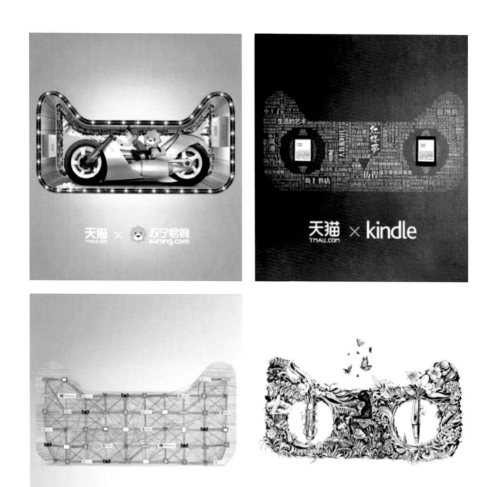

图 3.21　天猫"双十一"海报

（3）降低认知负荷

认知负荷理论指出，同一时间注意两个或两个以上来源的信息或者活动时，用户便会造成无关的认知负荷。这种认知负荷会造成用户对产品中关键信息注意的分散，甚至造成用户会因为不明白产品在传达什么而转身离开。因此设计师在创作产品时应尽量降低用户的认知负荷，坚持形式的简单和整洁，保持与产品主题的一致性，避免过分强调视觉效果；在产品中融入多种感知形式，以减少用户与产品的认知负荷，避免注意力被分散，以最自然的方式将产品呈现给用户。产品中的互动方式要简洁、易懂，原因是繁杂的交互操作会分散用户的注意，使得认知负荷增加。如图 3.22 所示为百度首页，设计形式是极简，将唯一的功能"搜索"和 logo 摆在最显眼突出的位置，其他功能几乎弱化，用户若想添加内容也可以自己开启。

3. 记忆的增强

人类的记忆分为感觉记忆、短时记忆和长时记忆，人的所有行动都与记忆息息相关，如

图 3.22　百度首页

果人没有记忆力，根本无法完成任何动作，如打开电脑、操作界面、账号密码登录等。记忆在活动中也起着至关重要的作用，电子产品可以运用信息缓存、信息提醒、关联绑定、选线选择等方式，使用户的个人信息不会在短时间内消失，由临时记忆向长时记忆递进。例如，经心理学家实验证明，对于产品而言，用户视线停留在一个产品上的时间一般都不会超过 30 秒。人们以往的经历、知识、经验都属于长时记忆，它为人的心理活动和行为判断提供基础，设计师在创作过程中应该加入让人印象深刻的元素，做到在这段时间内把信息有效地输入用户头脑中并被认知，转化为长时记忆。运用长时记忆中的语义、知识和经验的规则进行产品的创作，应优先考虑选取用户所熟悉的视觉元素、声音、手势等，保持与用户认知习惯的一致性，弥补用户互动中容易遗忘的记忆弱点及对产品的认知负担，做到记忆最小化，操作更加直觉化。利用用户熟悉的事物做延伸的设计，可以增强体验者的临场感，提升用户的知觉效率。如图 3.23 所示为两款手电筒 App 的界面设计图，在 iPhone 4 的时代，手电筒多为左图的设计，当发展到 iPhone 7 时，类似图右的界面风格的 App 下载量更多且更受好评。究其原因，在智能手机出现之初，以手电筒的原始形态来表现最直观、最容易使人理解，因为其最符合人对于实体手电筒的最深记忆。随着手机和 App 的进化，人们逐渐熟悉了扁平的风格，因而界面更倾向于扁平和简洁，但这并不意味着拟物风格会消失，拟物风格的应用会带着一部分用户的时代记忆继续存在下去。

　　用户经常不记得如何操作一种产品，但能记得使用时的感觉。人是富有情感的，需经受喜、怒、哀、乐、惧等情绪的牵绊。情绪是人内心世界的外在表达方式，情感则是人们认知心理不可或缺的部分。随着现代物质文明的快速发展，人的感性心理需求得到了前所未有的关注，人们已经不再满足单纯的物质需求，人的需求正向着情感互动层面发展，期望通过与产品的交流、沟通，产生一种愿意自我代入情境的感觉。让用户在体验产品时会基于自身的经历、感悟、心境、情绪沉浸在产品中，产生快乐、悲哀、愤怒、恐惧等情感反应。产品的交互设计应当考虑到用户的心境和情感，最大限度地激发用户的所想所感，这是诱导用户记忆的最佳方式之一。

图 3.23　两款手电筒 App 的界面设计

4. 反馈的及时

反馈是将信息传回输出来源的过程，让用户知道自己行为的结果。当用户执行某项操作时，反馈可以帮助了解这项操作是否执行完成或尚未执行。例如，在网页上按下按钮时，即刻产生一个声音或出现一小段文字或按钮颜色改变，这些都属于及时反馈，及时的反馈会让用户清楚地了解具体进展。优质的交互性更加强调用户的参与，要求用户在与产品产生互动的时候可以及时得到反馈，实现用户对产品、视觉图像、模拟环境达到自然操作的程度。例如，用户通过身体的动作、手势的变动、眼睛的凝视或声音传达某项信息或要求时，互动式产品能够依照其所需立即提供信息回应。

如图 3.24 所示为投影键盘和机械键盘，投影键盘采用内置的红色激光发射器可以在任何表面投影出标准键盘的轮廓，然后通过红外线技术跟踪手指动作，最后完成输入信息的获取。由于其没有实体键盘的按压感，即所谓的手感，其实主要是一种回馈感。与其相反的是机械键盘，机械键盘刻意加高按键高度，调整按压压力和回弹感，有的带有呼吸灯，从触觉、听觉、视觉提升反馈效果，受到用户的好评。

图 3.24　投影键盘和机械键盘

3.1.4　交互行为的引导

在人机交互过程中，有"人对机的操作"和"机给人的反馈"两个重要过程。有时反馈是在操作结束之后，给予用户是否成功的表示；有时操作与反馈是同时的，即用户在操作时界面显示会发生实时变化，同样也能让用户明白操作是否成功。好的交互方式能让用户及时明白操作顺序和操作是否成功，能让用户及时调整自己的行为，用最快捷的方式达到需要的目标。交互的行为，是可以通过视觉元素、交互形式等去引导的。交互过程中有三个要素，即人、机、交互方式，其中机的反馈遵循人的行为，人的行为遵循交互方式，同时交互方式也可以引导人的行为。因此，在一种交互关系开始之前，要培养输入一种思维模式，即引导用户用什么方法使行为与产品连接。在用户第一次使用某程序时，或程序升级更新之后，会有"新手引导"这个过程，意在使用户入门，一般这个过程只有一次，当用户了解后便不再出现。

用户可以分为新手用户、专家用户和中间用户三类。中间用户通常数量最多，范围最广，新手用户可以在相当短的时间内过渡到中间用户，而中间用户通常持续的时间较久，且难以成为专家用户。新手用户的变化很快，新手用户和专家用户随着时间推移都会成为中间用户，虽然用户会在一段时间内以新手的形式存在，但往往不会长期停留在这个状态，因为初期的学习和提高是容易且效果显著的，新手用户会很快成为中间用户。那些不能完成操作的用户会很快放弃，剩下的会从初学者变为熟练使用的用户，而只有极少数用户会成为高手。对新手用户的引导，许多电子产品都有新手引导页，就像传统产品的使用说明书一样，用简单的箭头和标识来告诉用户第一步怎么做、第二步怎么做等，从而一步一步地熟练使用这个功能。习惯的培养，需要经常操作，当用户已经掌握了使用技巧并且可以自如地运用的时候，他们就从新手用户转向中间用户了。如图 3.25 所示为新手引导页面。

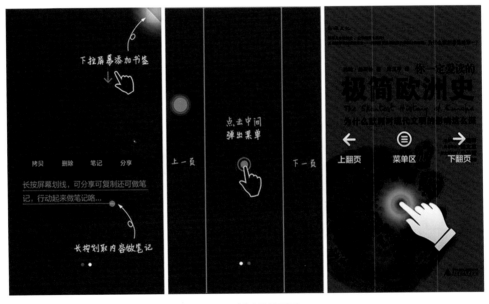

图 3.25　新手引导页面

3.2　交互形式

交互形式是用户、物体和环境之间信息互通的方式。交互形式决定了物体的使用方式，以及用户以何种方式、途径与物体发生信息交流，而这个信息交流的过程即用户在使用产品时的认知过程，即通过感知、注意、记忆、情绪和反馈等认知行为获取信息、加工信息、储存信息及使用信息的认知过程。交互形式形态各异，可分为媒介层面的交互形式和认知层面的交互形式，二者往往有所交叉。从媒介层面上，媒介关系的不同造就了不同的交互形式，如数码影像交互、网络媒体交互、手机媒体交互、互动装置交互、虚拟仿真交互、电子游戏交互、人工智能交互等交互形式。从认知层面上，基于用户的感官体验，有视觉感知、听觉感知、嗅觉感知、味觉感知、触觉感知等交互形式。

3.2.1 媒介下的交互形式

1. 网络平台媒介

网络媒体是通过互联网传播和交流信息的工具和载体，网络信息时刻以惊人的速度更新，同时用户也在时时关注和获取感兴趣的信息。用户在浏览网络时会把大部分注意力放在当前期望目标上，只有在遇到与期待不符的阻碍时，才会下意识地去注意网络信息交互的性能，当导航混乱或页面加载过大时，会不知所措、焦急甚至离开。美国网络服务设计大师杰西·詹姆斯·加勒特（Jesse James Garrett）提出网络服务设计过程模型，如图3.26所示，该模型从战略层、范围层、架构层、框架层、表现层等五个层面，梳理了网络设计过程中各环节所涉及的用户、商业、技术三者之间互动的复杂关系，特别强调了网络服务要注重用户交互式的体验。网络媒体通过网站页面、网络动画和网

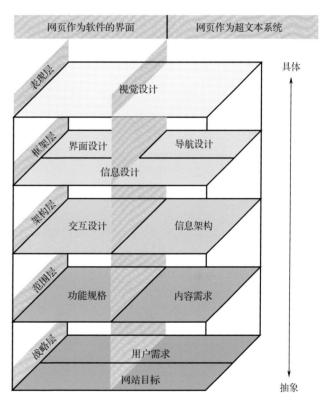

图 3.26 网络服务设计过程模型

络信息的互动来满足甚至超越用户预期，减少信息获取的阻碍，提供更好的互动体验。

网站页面是基于网络信息空间和体系结构的，具有信息传达、沟通交流和反馈互动的人机接口，是以用户为中心构建用户、信息内容和信息组织三者之间交互关系的信息生态系统，解决用户、商业和技术三者之间互动的复杂关系，强调注重用户的浏览体验。如图3.27所示为果饮忍者中文网站的首页设计，通过图形、图像、logo、文字和色彩等视觉元素生动的表达设计主题，以视觉创意吸引用户，以视觉流程引导用户产生交互行为。

图 3.27　果饮忍者中文网站的首页设计

网络动画是网络环境下信息交流与互动的重要媒介，动画是静态视觉图像的连续运动，是通过播放一系列连续画面而形成的视觉映像，因其直观、信息含量大且感染力强而被广泛应用于互联网，成为网站页面构成的重要组成部分，使页面生动有活力，达到引起关注、引导浏览和实现交互的目的。网页动画与传统动画最大的区别在于其交互性，交互式网页动画具有数据量小、表现力强、形式多样和交互性等特点，其运动原理与动画相似，在呈现上不拘于技术的前卫与否，是视觉、听觉和情境的营建，设计过程是将形态、色彩和声音等媒体信息进行整合的过程。例如，盛唐公司网站的片头动画设计，如图 3.28 所示，动画从文化角度采用六个镜头，也就是六张图片来表达"唐韵"。图片中的元素以不同的运动形式出现，从"唐"字到摇晃出现的马车到系列化的唐元素，最后点题"盛唐"网站主题，用多镜头视觉丰富地表达了网站的内涵和韵味，再配以音乐，使动画表现具有动感，当动画定格时，用户可以通过其设定的按钮与之互动。

2. 移动终端媒介

移动终端媒介包括手机、平板电脑和移动电视等。

手机最开始只是作为通信工具，但随着科技的革新，手机逐渐囊括了更多的功能诉求，不仅作为联络设备，更作为身份标识、钱包、娱乐等必备品而存在，消弭了人们的尴尬、孤独、无助等负面情绪，增加了依赖感和满足感等，成为这个时代典型的媒体形式之一，通过交互活动与使用者的意识形态统一，推动这一掌上媒介形式的发展。手机是手机媒介的载体，内部的移动互联体系和互动思维才是交互的核心，其交互从机械式地按照指令工作，到理解反馈信息，到能够与用户对话，再到能预测用户的下一步操作，从而推荐最合适的路线。互动的最高境界不是用户操纵手机，而是用户与信息能进行交流与反馈。手机媒介交互依附硬件和软件的交互形式，基于硬件的交互形式有翻盖、按键、触屏、手势操控、语音控制等，如图 3.29 所示为手机触屏手势。

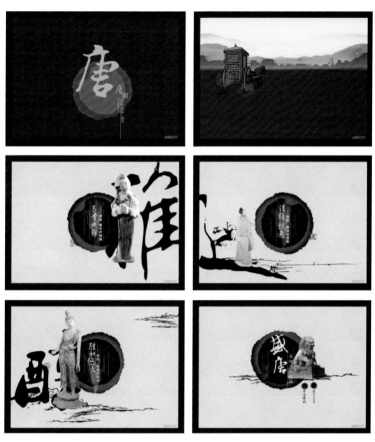

图 3.28 盛唐公司网站片头动画设计

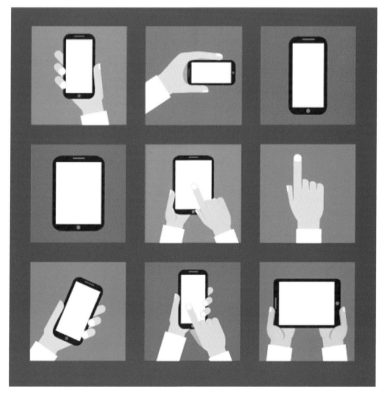

图 3.29 手机触屏手势

基于软件的交互形式体现在交互行为上，如对图片进行放大缩小、操纵页面前进后退、呼唤语音助手等。软件的场景引导用户做出相应的交互行为，最直接的体现是手机 App 应用的广泛普及，开创了一个不可忽视的手持时代。例如，腾讯旗下的微信，支持发送语音短信、视频、图片和文字，仅需少量的流量就可以交流，缩短了人与人之间的距离。2020 年第一季度，微信及 WeChat 的合并月活跃账户达 11.64 亿，小程序用户迅速增长，日活跃账户超过 4 亿；微信红包是微信 2014 年推出的一款应用，功能上可以实现发红包、查收发记录和提现，一经推出就掀起全民抢夺红包热潮，2019 年除夕到初五期间，共有 8.23 亿人次收发微信红包。微信支付和支付宝，改变了人们的支付方式，滴滴出行改变了人们的出行方式，如图 3.30 所示为基于手机媒体的微信、微信红包、支付宝和滴滴出行的 App。由手机媒体而产生的交互形式，改变了人们的生活方式，使人们之间的交流与互动更加多元化。

图 3.30　手机媒体 App

3. 人工智能媒介

人工智能交互是以人工智能技术实现的交互形式。人工智能（Artificial Intelligence，AI）是研究用于模拟和延伸人类智能的理论、方法、技术及应用系统的一门新技术科学，综合了计算机科学、认知心理学、社会学、艺术学等多种学科。交互是科技与艺术跨界合作的产物，自诞生之日起就与最前沿的信息技术紧密交织在一起，人们在不断探索人类自然语言与先进智能机器的互动交流，当科学家们在 0 和 1 的世界不断解构探索人与机器的关系时，交互设计师们也会从中获益并激发创造力和灵感，进而推动交互进入更高境界。交互的核心是实现人与媒介的高度融合，人工智能作为人改造世界的手段，时刻与人类发生着交互的行为，设计师通过人工智能技术不断探索人与媒介高度智能化的交互行为。例如，谷歌眼镜是一款穿戴式智能眼镜，集智能手机、GPS、相机于一体，具有实时信息展现、拍照上传、短信收发、天气与路况查询等功能，无须动手便可上网冲浪或处理文字信息和电子邮件，可以用自己的声音控制拍照、视频通话和辨明方向，如图 3.31 所示为谷歌眼镜在用户左前方投射出的一个天气面板。

图 3.31 谷歌眼镜

人工智能技术与艺术高度融合，技术与艺术的边界逐渐模糊，走进生活创造更加多元互动的生活模式，技术让生活更加艺术。例如，亚马逊线下无人概念超市"amazon go"，如图 3.32 所示，使用与无人驾驶汽车同样的人工智能黑科技，包括计算机视觉技术、传感器技术和深度学习技术，自动监测和拿取商品，可以在虚拟购物车中进行跟踪，无须排队、无须等待结账，只需走进超市并打开手机上的 Amazon App，挑选自己中意的产品用手机扫描后装进购物袋，然后直接走出商店就可以完成购买。

图 3.32 亚马逊的线下无人概念超市"amazon go"

随着黑科技的发展，人工智能技术甚至能将人体作为信息传播的媒介。例如，将墨水注入人体皮肤，让皮肤直接变成显示器，可以根据需求随时改变所显示内容，甚至可以显示动态图片，不需要的时候轻轻一点即可去除。这是用皮下双稳态双色素电子墨水系统来实现的，通过将微小的电子墨水颗粒植入表皮下方，这些会变色的颗粒就能通过皮肤显现，形成一块灰度显示区域，可以用来当作钟表、邮箱、播放器、健康管家，配合 App，甚至可以在运动时即时显示消耗的热量、运动步数和心率等，只要需要可以随时让这些数据显示在身体的表面，如图 3.33 所示。

图 3.33　皮肤变成显示器

　　人工智能的核心就是体现出人类作为个体的特色和价值，创造者将从不具创造价值的劳作中解放出来，更好地专注于交互的创作，是人类思维的呈现，是人类智慧的精华，未来的社会不仅是知识，更多的是创意。这是一个人与机器协同合作、人类智慧与人工智能结合的时代，人的知识储备可能比拼不过机器，但是人最宝贵的就是非逻辑的创作力，这也是交互的根本所在。

3.2.2　认知下的交互形式

　　产品中的交互形式是指设计师、用户、产品和环境之间信息互通的方式。交互形式决定了产品以何种方式呈现主题，以及用户以何种方式、途径与产品发生信息交流，而这个信息交流的过程为用户在欣赏产品时的审美认知过程，即通过感知、注意、记忆、情绪和反馈等认知行为获取信息、加工信息、储存信息及使用信息的认知模式。因此，产品中交互形式直接体现用户对产品的认知模式，决定了设计师的理念、创作意涵和情感是否能够顺畅地传递给用户。不同的交互形式带给用户不同的认知心理和认知行为，与产品目标用户的认知心理和行为习惯相贴切的交互形式，会带给用户更好的认知效果，可提高用户在产品中获取信息的准确性与效率。

美国认知心理学家唐纳德·诺曼（D. A. Norman）曾指出任何事物都有三种心理模式，第一种是设计师的意象，可以称之为"设计师模式"；第二种是使用这件物品的使用者（用户）对此物品的意象，以及操作这件物品时给使用者的意象，可以称之为"使用者模式"；第三种是设计师根据其心中之设计模式去设计出可操作并产生功能的系统，可以称之为"系统意象"，如图3.34所示。在理想的环境中，设计师的概念模式和使用者的心理模式是一样的，而要做到如此，需要设计师在设计前对使用该物品的目标用户进行分析，分析其认知心理和行为习惯。与目标用户的认知越相符，两种模式的一致性越高，使用者才能更好地使用。

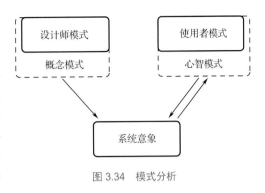

图 3.34　模式分析

在创作中同样如此，设计师必须确定所创作的交互形式，符合用户的"认知模式"，与用户认知相符，方能通过产品让用户适当地感知、注意和操作，产生流畅互动。通过对具体案例实地观察，得出不同交互形式能带给用户不同的认知心理和行为，若交互形式不具备吸引力、感染力，与用户的认知有"鸿沟"，就会造成设计师和用户之间信息互通受阻，情感无法融入，影响用户的审美认知过程。因此，设计师需深入了解目标用户的认知心理和行为习惯，创作出符合用户认知的交互形式。由此可见，用户的认知是影响产品交互形式的重要因素。

1. 多种感官下的交互形式

设计师仅通过产品的造型语言、色彩、图片、文字和声音等来传达思想，用户仅能通过视觉或听觉等单一感官去感知产品，不利于用户对内涵的理解。相较于单一感官，增加多感官刺激，如更多样化的色彩、声音、触觉等刺激，可以增加产品的吸引力及用户的注意力和参与度，进而更好地传达信息，使用户对产品有更好的认知效果。通常，在产品的交互中，多种感官共同参与更易于让用户处于自然交互状态，且符合其基本的认知。因此，设计师在创作中利用新媒介、新技术、新设备、新方式通过视觉、听觉、触觉等多种感官的刺激，呈现多感官的交互，为用户创造出多通道、全面立体的感官体验。例如，由西班牙巴塞罗那的庞培法布拉大学塞尔吉·乔达（Serge Jorda）博士创作的"Reac Table"，如图3.35所示，桌子上呈现不同形状、颜色和图案的块状实体，分别代表电子乐器的一些基本模组，由不同模组的连结与每个模组数值的改变，可以演奏出多样与动态的电子音乐，用户可以在音乐桌旁集体参与演奏，这时装置会变换不同的视觉效果，发出不同的声音，视觉和听觉的交互让用户凭直觉去参与互动。

2. 虚实沉浸下的交互形式

模拟现实是一种用户和产品自然交互的状态，与通过鼠标和键盘的交互方式相比，这种仿真的交互形式更加直接地表达观念和情感。虚实交互带给用户的感受，使得产品的感染力更加浓厚。用户在虚实情境中的体验与现实世界的体验基本一致，虚拟的一切与现实生活中一样，甚至更加真实，使用户沉浸于虚拟的情境当中，进而提升设计的情感表达。例如，用米家全景相机拍摄，米家全景相机打破了传统的拍摄方式，让用户不再局限于单一的视角，产品包含了两个 190°鱼眼镜头，实际像素高达 2388 万，可以捕捉水平 360°、垂直 360° 全视角影像。用户可以通过米家全景相机 App 直接将全景图片分享到微博，生成一个带有全景照片的微博作品，如图 3.36 所示。

图 3.35　Reac Table

图 3.36　米家相机拍摄的全景作品

3. 多维时空下的交互形式

在多种媒体的多向沟通中，用户可以根据自己的意愿来控制体验过程，完全参与到互动过程当中，交互过程在时间和空间内同时展开，产品不再是静止的存在，而是一个正在进行的事件，时间和空间的延伸与扩展，为用户创造出一种新型的多维时空的交互体验。以时空来构建主题，通过时间的并置、空间的混叠，使产品与用户的交互过程更加贴合用户的基本认知。如图 3.37 所示，育碧（Ubisoft）出品的这款"猎鹰翱翔（Eagle Flight）"VR 游戏让虚拟现实更加贴近自然。从用户的角度，用户可以是只小鸟，高高地翱翔在巴黎街道的天空之上，飞越浪漫的小巷与高耸的埃菲尔铁塔，或者在浓密的树荫间俯冲等，而这些动作的执行只需要一个简单的眼神。

图 3.37 "猎鹰翱翔"VR 游戏

4. 多元体验下的交互形式

交互的意义不仅在于其表象性地融入了众多的科技手段，更重要的是在新的时代背景下，满足了人们想要参与活动及产品创作的欲望。在整个交互活动中，不仅包含设计师与产品、用户与产品、设计师与用户之间的互动，还包含产品与空间环境、产品与产品之间的互动，呈现多元体验的交互模式。这种互动模式以更直接、更快捷的形式去适应用户，而不是用户去适应产品。最大化地降低用户的认知负荷，让用户获得一种流畅的交互体验。如图 3.38 所示为用户正在体验 VR 游戏"The Lab"。虚拟现实技术（VR）塑造完美的沉浸式体验，调动用户的感官，包括视觉、听觉、嗅觉、触觉及人的四肢协调性，利用可视空间、365°的周身环境、天空和地面、虚拟出宏观和微观的视角，激发用户自身的想象，开拓多条故事线，给用户选择和探索的空间。

图 3.38 用户正在体验 VR 游戏"The Lab"

课后习题

1. 交互行为和交互行为模式主要有哪几种类型？

2. 在设计产品时，如何产生用户黏性？

3. 用户主要可以分为哪几种类型？

4. 交互形式有几种类型？

5. 列举出不同交互反馈模式，并简要说明其特点。

6. 如何通过交互设计引导用户？

7. 选取一款 App 产品，解构其战略层、范围层、架构层、框架层和表现层。

第 4 章

交互需求与用户研究

在进行交互需求与用户研究的过程中，需要设计师或研究人员从市场、需求和用户三个方面进行探讨分析，得出分析结果，为产品实际设计工作的开展做好前期准备工作。产品的造型、质量、功能和技术等自然属性是以往设计师关注的重点。但在移动互联和设计 3.0 时代，更加关注产品的体验属性和经济属性，体验属性，即使用体验、生活方式和文化构建等，赋予用户及利益相关者的生理、心理的感受，体验的独特之处在于其价值可长久存在于用户的内心；经济属性，相比以往过于强调用户个体对产品的经济影响和企业的经济收益，在设计时需兼顾产品对企业层面（微观）和产业层面（宏观）的影响。体验属性和经济属性需要通过前期的市场调查、设计需求调查与分析及用户研究等获取。

4.1 市场调查

目前，在设计 3.0 的大环境下，设计师在进行产品设计时，只是片面地关注产品本身的自然属性是远远不够的。对于一个创新型产品，功能上的创新并不一定会被市场所接受；同样，对于一个改良型的产品，相对于市场上其他提供类似功能的产品不能取得竞争优势，以上这两种情况均不能赢得用户的青睐，从而为企业取得经济效益，因此很难说是一个成功的设计。可以从竞品分析、品牌策略和问卷调查三个方面展开市场调查。

4.1.1　竞品分析

竞品分析，是在竞争对手的产品与自身产品之间进行分析和比较。在进行竞品分析之前，设计师需要先明确竞品是什么和自身产品的相对优势在哪里。这两个问题是相当抽象的，设计师在考虑回答这两个问题时往往并不具体，答案也没有得到相应的量化。因此需要进行系统化的竞品分析过程来具体和量化产品的市场和竞争情况。

1. 竞品分析的目的

在明确竞品和自身产品的优势之后，设计师需要进一步明确竞品分析的目的是什么，即在竞品分析的过程中，设计师应该致力于得到什么样的信息数据，以及这些信息数据对于竞品分析的作用是什么。通常，在大多数的竞品分析过程中，设计师都会分析竞品的优势，有哪些竞争点，并结合自身的产品在设计中加以借鉴和创新。同时，对于竞品存在的劣势，在比较自身产品是否存在相似问题的基础上，设计师还需要对此进行优化，将竞争对手的劣势转化为自身产品的优势。在分析比较竞品的优势和劣势之后，设计师可以更进一步地对自身产品的竞争优势进行分析研究，在此基础上比较自身产品和竞品的优劣，扬长避短，为后续产品的优化升级做好准备。

2. 竞品分析的方法

明确竞品分析的目的之后，通过竞品分级和竞品比较进行具体的竞品分析。

（1）竞品分级

在面对市面上众多的竞品时，常常不知道该选取什么样的竞品进行分析，这时就需要对竞品进行分级操作。通常情况下，竞品可以划分为三个级别，核心竞品、重要竞品和一般竞品。核心竞品指的是那些高于自身产品并具有很强竞争力的竞品；重要竞品指的是那些高于自身产品，但略逊于核心竞品的竞品；一般竞品指的是同自身产品相当或者还不如自身产品的竞品。竞品分级的目的在于在进行竞品分析时梳理好自身产品与竞品、竞品与竞品之间的关系。因此，设计师在竞品分析时在不同等级的竞品间会有所侧重。

以目前十分繁杂、产品品种众多的共享单车市场为例，如图 4.1 和图 4.2 所示的哈啰出行和青桔单车，无论是单车投放数量、分布范围还是用户数量等方面，在整个共享单车市场都处于有利的地位，哈啰单车和青桔单车在与一般的单车产品进行竞品分级时，被划为核心竞品。

（2）竞品比较

竞品分析实际上就是在自身产品与竞品之间进行相互比较，发现它们之间的不同，判断的优劣。因此，竞品比较是最常用的竞品比较方法。设计师在进行竞品比较时可以借助 Excel

表格等工具，将竞品与所要进行比较的内容在表格中罗列出来，方便设计师对竞品进行比较。表 4.1 所示是对当前主流的新闻类 App 的产品功能进行竞品分析，将新闻类 App 的主要功能逐次罗列出来，然后比较竞品之间是否具备此项功能或是特色功能，有则画"√"，无则画"×"，特色功能则用"※"来进行表示。

图 4.1　哈啰出行　　　　　　　　　　　　　　　图 4.2　青桔单车

表 4.1　当前主流新闻类 App 竞品分析（功能）

功　　能	产　　品			
	腾讯新闻	今日头条	搜狐新闻	网易新闻
社交圈	×	√	√	×
栏目频道	40+	50+	60+	60+
轻松一刻	×	√	√	√
电台	√	×	√	√
直播间	√	√	√	√
专题	√	×	×	√
视频新闻	√	√	※	√
精品订阅	×	×	※	√
商城	×	√	×	※
要闻推送	√	√	√	√
话题投票	×	×	×	√
地方频道	※	×	×	√
自媒体创作	×	√	×	√
推荐个性订阅	√	※	√	√
评论盖楼	√	√	√	※
离线阅读	√	√	√	√
备注		√有　　　　×没有　　　　※特色		

（3）SWOT 分析法

SWOT 分析法，即态势分析，是一种经常在企业内部进行战略分析的方法，但同样可以在进行竞品分析时将这种方法移植到对产品的分析上。SWOT 是英文 Strengths（优势）、Weaknesses（劣势）、Opportunities（机会）和 Threats（威胁）的首字母缩写，即基于内外部竞争环境和竞争条件下的态势分析，就是将与研究对象密切相关的各种主要内部优势、劣势和外部的机会和威胁等通过调查列举出来，并依照矩阵形式排列，再用系统分析的思想把各种因素相互匹配起来加以分析，从中得出一系列相应的结论。如图 4.3 所示，针对目前比较流行的视频社交软件"快手"与其竞品，采用 SWOT 分析法进行竞品分析。

Strengths（优势）

- 用户基数大
- 重视用户原创模块，形成极其繁荣的UGC生态（UGC, User Generated Content，指用户原创内容）
- 通过创新介质和强大丰富的内容形成的网络效应促使"快手"在短视频领域取得优势地位

Weaknesses（劣势）

- 商业变现困难
- 盈利渠道单一，主要依靠粉丝头条和直播打赏盈利

 SWOT 分析

Opportunities（机会）

- 拥有庞大的潜在用户群体，以"95后"为主
- 发展前景被看好，短视频将成为未来主流的文化消费领域
- 快手在国内进入短视频行业较早，积累了大量的技术优势和庞大的用户群体

Threats（威胁）

- 变现及运营能力较弱将成为制约"快手"发展的短板
- "秒拍"和"抖音"等新生代短视频应用将给"快手"的发展带来冲击

图 4.3　SWOT 分析法

3. 竞品分析的核心

在明确了竞品分析目的和掌握了竞品分析方法之后，需要分析竞品的内容，这是竞品分析的核心部分。综合以用户为中心（User Centered Design，UCD) 的设计理念，得出竞品分析的三大核心内容，分别为用户、功能和服务。

（1）用户

在以用户为中心的设计理念指导下，用户在设计中的地位越来越重要，用户由以前产品的被动接受者逐渐在产品设计中处于中心地位。因此，设计师在进行竞品分析时要充分考虑用户需求，搜集用户使用产品的行为习惯并逐渐得到用户体验方面的数据，为产品创新设计或迭代升级做好准备。

（2）功能

产品的功能是竞品分析的重要核心内容，一个产品本身的价值和竞争力在很大程度上以自身的功能来表现。因此，竞品分析在很多时候是竞品之间功能差异的比较。需要注意的是，如果一个产品功能性很好，但是不要忽略一些细节的展示或者优化，因为通常核心用户会觉得这些小细节很重要。比如，很多提供手机阅读服务的 App 产品，考虑到用户在夜晚或弱光源下阅读的需要，都会添加夜间模式，如图 4.4 所示为 Quark 浏览器的日间模式与夜间模式。

图 4.4　Quark 浏览器的日间模式与夜间模式

（3）服务

相比以往对产品本身的重视，服务则是容易被设计师忽略的内容。随着以用户为中心的设计理念的确立和普及，用户自身的消费习惯也从以往重视产品品质、功能和价格，以产品本身的好与坏为判断标准的理性消费时代，转向为重视满足感和喜悦感，以对产品服务的满意度为判断标准的感性消费时代。因此在竞品分析中对竞品服务的分析研究将占整个竞品分析很大的比重。

4.1.2　品牌策略

品牌策略在本质上属于企业管理和市场营销领域，目的在于品牌的积累，主要包含品牌化决策、品牌使用者决策、品牌名称决策、品牌战略决策、品牌再定位决策、品牌延伸策略和品牌更新等内容。但在设计领域，涉及品牌策略的问题主要包括以下几点。

1. 明确目标用户，抓住核心需求

在谋划产品的品牌策略时，首先要确定定位、对位和卡位。定位是指确定产品的目标用户及相应的市场状况；对位是搜集和研究分析目标用户的行为习惯；卡位则是分析产品卡住了什么样的市场机会点。根据定位、对位、卡位的三项原则，拼多多 App 的目标用户主要为想获得实际商品优惠的家庭主妇，且在其进入市场前，已有以淘宝和京东为代表的成熟电

商。以"拼得多，省的多"，迎合用户心理，让用户得到实在的购物优惠，带给用户良好的体验，提升用户对销售平台的黏性。作为新电商开拓者，拼多多 App 致力于将娱乐社交融入电商运营中，通过用户拼单开启社交加电商的模式，让更多的用户带着乐趣分享实惠，享受全新的共享式购物体验。2020 年，阿里巴巴活跃买家数量 7.79 亿人，而拼多多已达到 7.88 亿人。

2. 关联功能与产品，给用户留下深刻印象

在品牌策略的实施上，将产品的核心功能和服务与品牌进行关联，这涉及品牌策略中的传播学的相关知识。例如，美图秀秀 App，如图 4.5 所示，其为一款免费的图片处理软件，各种一键式的图片处理操作极大地方便了用户的使用，深受年轻用户的喜爱。其名称"美图秀秀"中的"美图"向用户传达出产品的主要功能是处理图片，使图片更加好看，"秀秀"则意味着向外界展示，即处理图片的目的是向外展示更加完美的图片，迎合了用户自我满足的心理需求。

图 4.5　美图秀秀 App

4.1.3　问卷调查

1. 问卷调查法

问卷调查法是一种调查者通过统一设计的调查问卷来向被调查者了解相关情况、征询相

关意见的资料收集方法。问卷调查法根据问卷中问题的结构可以分为结构问卷、无结构问卷和半结构问卷三大类，其中三种问卷的定义与优缺点如表 4.2 所示。

表 4.2　三种问卷的定义与优缺点

分　类	定　义	优　缺　点
结构问卷	限制性问卷	优：易于大样本研究、回答、统计分析和对比；回收率和可信度较高
		缺：限制较多，不能反映被调查者的真实意图
无结构问卷	开放式问卷，有一定结构	优：易于小样本研究；限制少，能得到丰富的资料；可进行深入研究
		缺：难以进行定量和对比分析；收集到的数据过于广泛，影响研究效果
半结构问卷	结构问卷和无结构问卷混合	兼具结构问卷和无结构问卷的优点，取长补短，提高了研究的科学性

问卷调查法按照被调查者的填答来划分，有代填问卷和自填问卷两种形式。代填问卷即访问问卷，是由访问者根据被调查者的回答填写的问卷，包含当面访问问卷和电话访问问卷两种形式。自填问卷，顾名思义指的是由被调查者自己填写的问卷，根据问卷媒介的不同可以分为报刊问卷、网络问卷、邮寄问卷等，如表 4.3 所示。

表 4.3　问卷分类

问卷类别	优　缺　点
报刊问卷	优：调查分布广泛，匿名性强，问卷填写质量高，比较经济
	缺：调查范围难以控制，调查对象的代表性差，回复率较低
网络问卷	优：方便快捷，调查范围广泛，绿色环保
	缺：调查对象的代表性难以保证，数据的可靠性存疑
邮寄问卷	优：节省财力，不受空间限制，调查对象明确，代表性强
	缺：需要调查对象的地址名单，难以保证有效度、可信度和回收率

2. 问卷设计

（1）问卷结构

问卷作为社会调查中用于收集材料的重要工具，其设计关系到测量被调查者行为、态度和特征的准确度，因而十分重要。一个完整的问卷通常由问卷题目、封面信、指导语、问题、答案及编码和材料这几部分组成。问卷题目应当符合研究目的，若问卷的内容涉及隐私，则可以采用抽象题目；封面信，包含调查者的身份、单位等信息，以及调查内容的目的和调查的方式等附加信息，使被调查者能够适当地了解问卷，减轻被调查者的心理负担；指导语，是对被调查者在填写问卷时填写方法和注意事项的说明和指导，目的是让被调查者知道应该怎样填写问卷；问题和答案，是问卷的主体，问题的内容应当与调查目的相符，表达要简洁明了，答案选项要准确，界限要清楚；编码，实际指的是给每一个问题和答案都编上数码，将文字信息转化为数字信息，便于计算机的后期处理；其他资料，包括问卷编号、调查员编号、审核员编号、调查日期、被调查者住址、被调查者合作情况等。

（2）问题设计

问题作为整个问卷设计的主体和核心，其主要包含三种形式的问题，即开放式问题、封闭式问题及后续性问题。开放式问题指对回答不提供具体的答案，由被调查者自行填写。封闭式问题则是将问题与答案全部列出，由被调查者选择答案回答问题。后续性问题指的是问题只适用于被调查者群体中的某一类人，调查者是否需要则须依据前一个问题的结果而定。在对问卷中问题进行设计时，需要牢记如下几个注意事项：设计问卷必须明确研究目的，问题要具体，要有具体的指向；问题应当通俗易懂；避免倾向性和诱导性问题，不要使用否定形式提问，不要直接提敏感性或胁迫性的问题；在具体的问题前，适当提供背景信息，设计辅助题目等。在问题的数目上，一份问卷问题的多少取决于调查目的、调查内容、样本性质、分析方法，以及拥有的人力、物力和财力等多种因素。通常情况下，以被调查者能够在 20 ~ 30 分钟内完成为宜。在问题的顺序上，一份好的调查问卷应当注意问题顺序的设计，应当由浅入深，先易后难，要层次分明，注意逻辑顺序。

（3）答案设计

根据问卷调查的目的不同，答案的形式也不一样。通常可以分为是非型、选项型、排序型、等级型、模拟线性型和视图模拟型等。是非型，以"是"与"非""有"与"没有"或者添加上"不知道""不清楚"的回答形式；选项型，提供若干个答案，供被调查者选择；排序型，列出若干个选项，由被调查者按顺序排列；等级型，让被调查者根据程度的深浅给予回答，通常可以分为五个等级；模拟线性型，给出一条一定长度的直线，直线两端给出两个意思相反的词，由被调查者根据自己的感受在直线的相应位置做出标记；视图模拟型，以具有明显视觉效果的图形、图片为答案。在答案设计时需要注意，答案设计要符合实际情况，要具备穷尽性和互斥性，答案只能按照一个标准分类，程度式的答案要按照一定顺序排列。

3.问卷发放、回收和统计分析

（1）问卷的发放

问卷的发放通常有邮寄发放、当面发放、网络发放等形式。邮寄发放简便易行，对被调查者的影响较小，通常会附加上一封感谢信和回寄问卷的空白信封和邮票；当面发放则是最有效率的发放方式，可以在现场及时解决关于稿件的不明白之处，易于取得被调查者的合作；网络发放的范围广泛，样本量足够大，但要注意收集到的样本是否具有代表性，保障问卷调查得以成功。

（2）问卷的回收

问卷的回收率决定了问卷收集到的资料数据是否能作为研究结论的依据。一般要求回收率不应低于70%，同时还要确定调查问卷的总数、有效问卷的数目及其比例。回收率在30%左右时，所收集的资料只能作为参考；50%左右时，才可以采纳建议；70% ~ 75%以上时可以作为调查结论的依据。

（3）问卷的统计分析

问卷的整理要借助一定的筛查手段，将那些回答不完整、质量差的问卷剔除，选择合格的问卷，以进一步提高问卷所收集的资料和数据质量。问卷的分析通常采用定性和定量相结合的方法，通过定性分析，使研究者对问题的定位有较深层次的理解和认识；问卷的定量分析，可以先对问卷结构做一个简单的分析，如百分比、平均数等，可用图表展示。如图4.6所示为中国家庭的洗碗机调查问卷，进行统计分析后，运用图表的形式将调查统计的结果展示出来，并且在统计分析调查情况时，可以借助 SPSS、SAS 等分析软件做进一步的深度分析。

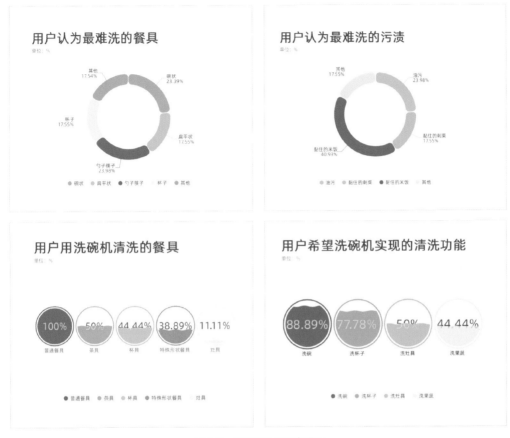

图4.6　调查结果的图表展示

4. 问卷调查的优缺点

　　问卷调查的优点是不受空间限制，可以在大范围内对众多的调查对象同时进行调查，利于定量分析研究，这是由于问卷中的问题多是封闭式问题，可对答案编码后，输入计算机，进行定量处理与分析，可避免偏见，减少调查误差。匿名性可以减轻被调查者的心理压力，便于他们回答敏感性问题。收集的资料和数据也更能客观地反映问题，省时、省力和省钱。问卷调查的缺点是收集到的资料和数据单一，仅有书面信息，易受被调查者影响，对被调查的群体要求高，需具有代表性且具备一定的文化水平，问卷的回收率和有效率比较低。尤其是在采用邮寄的方式发放问卷时，回收率低；同时，对被调查者问卷的回答填写要求高，面向设计的问卷调查通常较难。

5. 案例展示

　　针对女性智能防狼设备而做的一份调查问卷，分别从用户的个人信息、用户对社会安全性感知程度，用户对女性智能防狼设备的了解情况及用户对女性智能防狼设备功能接受等相关问题进行调查，并根据回收的问卷，统计相关的数据并将结果以图表的形式展示出来，如图4.7所示。

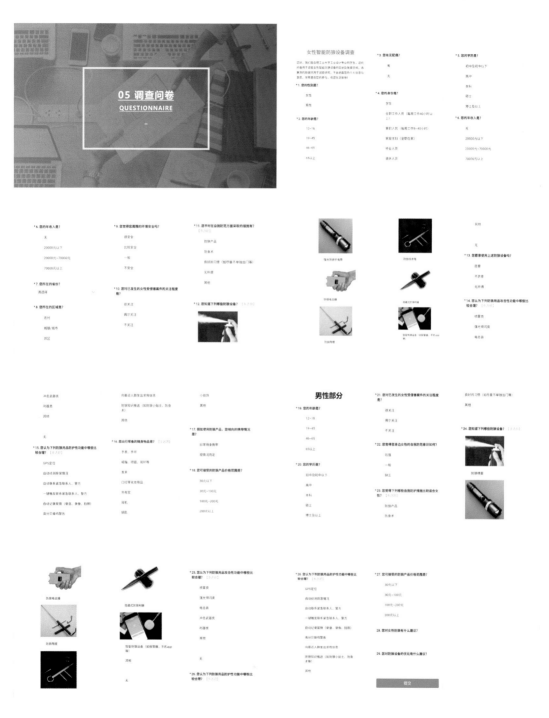

图 4.7　调查问卷内容

如图 4.8 所示为部分数据统计分析结果。分别从女性角度、男性角度、产品角度进行分析总结。从女性角度看，通过对女性智能防狼设备市场调查及针对女性的问卷分析，更加深入地了解到不同年龄和职业的女性对社会安全及各种智能防狼设备的意见和看法，重点分析女性用户对智能防狼产品的需求；从男性角度看，通过对女性智能防狼设备的市场调查及针对男性的问卷分析，发现不仅是女性自身，父亲辈的男性对女性受侵害案件的关注度也很高，男性对智能防狼产品同样拥有期待，并且男性可以从自身的角度对防狼产品的防护和攻击功能提出意见；从产品角度看，目前女性智能防狼设备的攻击性能和防护性能具有一定的合理性，男女性各年龄段在防护性功能中各方面的倾向性都类似，攻击性功能中男性选择的总人数比例高于女性，但是防狼设备功能还需要进一步改善，来提高用户的使用体验，使防狼功能得到最大化发挥。随着社会的发展、科技的进步及人们对女性安全重视程度的提高，女性防狼设备的使用频率也逐渐增加，因以，女性智能防狼设备有很大的应用前景。

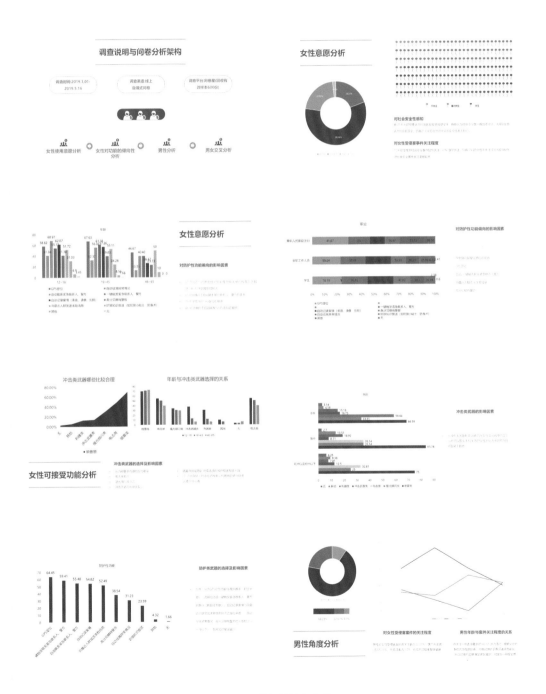

图 4.8　数据统计和分析

4.2 设计需求

市场调查的主要目的是获得设计需求的相关信息。设计需求不仅包含用户的需求，还包含市场的需求等其他方面的需求，本节从需求类型、需求获取和需求分析三个方面出发，探讨关于设计需求的相关内容。

4.2.1 需求类型

在设计领域，不同的产品面向的对象不同，设计需求也各不相同。通常的理解，需求可以分为商业、技术方面需求与用户需求。这两者在一定程度上存在着交叉，并且最终表现为用户需求。即在什么场景下，用户用产品做什么事情。这里的"场景"是一个很重要的概念，不仅指的是物理环境，还包括任务场景，比如说人们去寄快递的现场，就是一个任务场景。当设计师在归纳需求时，场景是不可缺少的必要前提。实际上，很多需求本身就蕴含在场景之中，如图4.9所示。

图4.9 场景与需求

从产品的角度讲，由于产品本身就是一种物质与功能的存在，若使其具有意义，就必须将其置于恰当的社会环境（场景）中。目前被广大设计师所认同的以用户为中心（User Centered Design，UCD）的设计理态，即以用户为中心的设计，则更是将用户需求摆在设计的首要位置。在表4.4所示的四种设计方法相互关系的比较中，可以观察出在UCD设计理态下，用户从以往产品的使用者变成了产品设计过程中直接或间接的参与者，而设计师在这里就变成了帮助用户实现自己需求的"引路人"。

在交互设计领域，乃至于设计领域，除了用户需求外，还可以分为设计者的需求、开发者的需求、管理者的需求，甚至涉及经济领域内的市场的需求等其他种类的需求。

表 4.4　UCD 与其他三种设计方法的对比

方　　法	概　　要	用　　户	设　计　师
以用户为中心的设计	侧重用户需求与目标	指导设计	探求用户的需求和目标
以活动为中心的设计	侧重任务和行动	完成行动	为行动创造工具
系统设计	侧重系统的各个部分	系统设计目的	确保系统的各个部分准备就绪
天才设计	依靠技能和智慧	检验灵感	灵感的源泉

1. 用户的需求

需要特别指出的是，这里的用户并非是所有的用户，而是之前定义的目标用户。在收集用户需求的时候，设计师不仅要收集他们的显性需求，即他们希望产品具有的某项功能，与此同时还要关注并收集他们的隐性需求。

2. 设计师的需求

设计师作为一个个体，在进行产品开发设计时，势必会对产品有自己的认识与理解，其中往往也蕴含着设计师自身的需求。这些需求包括了一个人的价值观、审美和情怀等，这些需求虽然不是用户直接的需要，却能让产品焕发独具一格的魅力，这一点也是产品最能打动用户的部分。比如，谷歌（Google）网站理念是"完美的搜索引擎，不作恶"，苹果（Apple）产品在设计方面非常简洁和超前，这些均是设计者需求的具体体现。

3. 开发者的需求

开发者的需求在商业活动和产品开发中具有指向标的作用，一般由开发者的公司高层来决定，而设计师来就必须了解公司的战略意图。例如，开发者要求产品在上线后就开始盈利，那么设计师在设计产品的时候，就必须考虑到产品的盈利模式，进行相应的设计。因此对于开发者的需求，设计师在收集需求时必须考虑到，否则，做出来的产品对开发者来说是毫无意义的。

4. 管理者的需求

这里的管理者可以定义为包括与产品相接触的内部及外部人员，包括产品所属公司内部人员，如运营人员、市场人员、销售人员等，以及与产品相关的外部合作伙伴等，这些人员的需求也是设计师在收集需求时所要考虑的。以电商类 App 的管理者为例，运营人员想要更加方便地了解和管理产品相关信息、后台服务和注册用户等，市场推广人员则希望能更加方便快捷地统计不同渠道带来的产品下载量、注册数和活跃数等信息。由于这些管理者所处岗位的不同，其对产品的需求也不同。总之，只要是与产品管理者相关的需求，设计师在做产品设计之前要尽可能多地进行收集。

5. 市场的需求

市场的需求，是指一定数量的用户在一定的地区、一定的时间、一定的市场营销环境及一定的市场营销计划下对某种商品或服务消费的需求，由此可见，市场的需求是用户需求的总和。一个成功的产品必须迎合市场的需求，否则就谈不上成功。设计师在进行产品设计之前，必须对整个产品的市场做一个详细的调研，收集市场需求，才能设计出迎合市场的产品。但需要特别注意的是，市场需求与用户需求在本质上是有区别的，其区别就在于市场需求与用户的购买欲和购买力相关，两者绝不可混为一谈。

6. 其他种类的需求

其他种类的需求有可能是用户需要的，也有可能是用户不需要的。例如，因同类产品竞争而产生的需求。以青桔单车和哈啰单车为例，这两个存在竞争的产品都在开展补贴大战，因此设计师在设计产品的时候就需要考虑怎么去实现补贴这一功能，如是设计成充值返现、优惠券的方式，还是发红包的方式。这部分需求对于产品来说也是推动其进步的巨大作用力，很符合"物竞天择，适者生存"的进化论观点。

以上这几种不同类型的需求，设计师在进行产品设计时未必会全部规划到产品里面，但是在收集需求的时候，需要考虑全面，并尽可能全面地采集需求，因为这些需求最终都有可能会应用到产品设计中，对产品的最终形成产生影响。

4.2.2　需求获取

在获取需求时，相关人员必须首先明确需求获取的渠道有哪些，以及具体的需求获取方法。需求获取的渠道如图 4.10 所示，可以总结归纳为内部渠道和外部渠道两种不同的类型。其中内部渠道包括产品，尤其是互联网产品本身被用户使用时产生的行为数据，这些数据都会被后台忠实地记录下来，设计师通过对后台这些数据的提取，可以从中得到用户的需求。需求的获取与公司的战略需求相关，设计师在实际设计时，必须考虑到公司对产品的期望和需求。"同事"包括了产品团队、研发团队、设计团队、运营团队、市场团队、销售团队和客服团队，从这些人群中可以获得不同类型的需求。其中，运营团队、市场团队、销售团队和客服团队是距离用户最近的人，往往最能理解用户"痛点"，也最能提出建设性的意见。"自己"指的是产品经理或是设计师，他们决定和设计产品属性，是最早的一批接触到产品的人，也是产品最早的一批用户，通过体验自身设计的产品，可以了解到一般用户普遍遇到的问题，明白一般用户的需求有哪些。

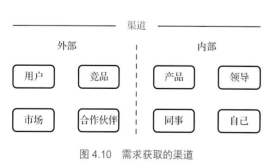

图 4.10　需求获取的渠道

外部渠道则包括用户，这也是最直接获取用户需求的渠道。对于一个产品来说，其最终目的是为用户服务，因此用户需求对于产品设计来说极为重要。通过竞品分析，比较自身产品与竞品之间的异同，并从竞品中获得产品设计的灵感，也是获取需求的一种渠道。市场需求是需求的一种类型，市场也是获取需求的一种渠道。在这里需要特别注意的是，市场的需求受到行业政策的影响比较大，如国家对校园借贷行业的规范，对众多校园借贷产品的影响就十分巨大。一件产品从最初的确立、设计到最后交到用户手中，期间经历了众多环节。其中不免涉及一些合作伙伴，从他们那里也可以获得一些产品的需求。

获取需求的渠道多种多样，获取需求的具体方式也有不同种类。如图 4.11 所示，对于内部和外部的不同渠道，分别有不同的方式来获取。其中这里需要重点指出的是，对于用户获取的方式可以分为用户直接的反馈，这种被动获取用户需求的方式，也需要设计师或相关人员主动地进行用户调研，获取用户需求。

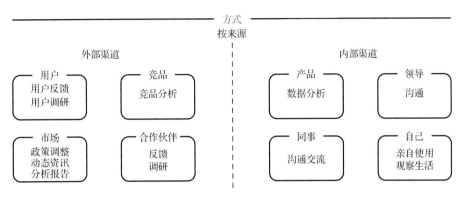

图 4.11　需求获取的方式

在进行用户调研时，人们经常会使用观察法、访谈法、问卷法、用户画像、可用性测试等，这些都是需求获取所采用的具体方法。这些方法可以笼统地归纳为用户测试，这是进行需求获取常用的方式。需要特别指出的是，在进行用户测试时，有三个衡量指标是调研人员应当注意的，分别是测试数据的完整性、系统性与可衡量性。其中完整性与系统性是根据对各种需求分类的深刻理解而得出的。因为在用户测试中，设计师获取的需求是来自不同人群的多种多样的需求，这些需求数据庞大，必须首先按照其性质进行分类才能进入下一步的分析。同时要注意的是，设计师要避免在用户测试阶段对测试对象进行过多的干扰，以防止约束被试验者的思路，影响到最终的测试结果。

在进行需求获取的过程中，设计师还应强调需求的可衡量性，也就是对需求的量化。设计师在实际活动中可能会遇到以下三种情况，有些需求可以用一些客观的方法进行衡量，如是否具备某种功能或系统反应的速度；有些需求可以通过用户测试的方法测量用户的主观判断而得到，如用户的满意程度；还有些需求不能被直接测量，如对集体精神的鼓励或对效率的提高等。这一部分需求需要进一步转化为可以直接衡量的内容，才能被设计师所利用。

为了兼顾用户测试的三个指标，设计师在测试过程中应当采取下面的步骤，请用户列出其各个层次的目标；笼统地让用户代表列出达到目标的各种需求；通过例子大致地讲解对需求各种可能的理解，然后鼓励用户代表以更开放的思路提供更多有关需求的信息；将自己对所有需求的可能理解分类展现在用户代表面前，并且让用户代表将自己提供的所有需求"对号入座"；将用户代表提出的所有不能"对号入座"的需求列出来，并且加以分类整理，纳入新需求的理解方式。这些新需求的理解方式可以被后面的用户试验所采用；列出各项需求的衡量标准，对不易衡量的需求内容进行适当修改和删除。

4.2.3 需求分析

1. 筛选需求

当设计师收集到关于用户需求的信息之后，接下来就必须对这些信息进行筛选，如图 4.12 所示，将明显不合理的需求筛除，提炼获取用户真正的需求。因为实际上那些看似合理的需求信息，并非符合用户真正的需求。例如，在苹果智能手机 iPhone 出现之前，用户对手机的需求可能大部分还停留在按键功能机的基础上，这些需求对于开创一个全新划时代的产品，意义并不大。史蒂夫·乔布斯（Steve Jobs）曾经说道："永远不要问用户想要什么，因为用户都是傻瓜，不知道自己想要什么。"这并不是鼓励设计师们去忽略用户的反馈，而是要善于挖掘用户需求的本质。当设计师得到用户对产品真正切实可行的需求之后，需要与先前确定好的产品定位相比较，会发现用户的某些需求与产品定位之间存在着差异，因此设计师要果断地摒弃这部分需求。因此，剩下的需求就基本上属于可以运用到产品设计之中的。

图 4.12 从用户需求中提取产品需求

2. 定义优先级

通过上述几步对于需求的筛选，得到真实的产品需求，接下来设计师要做的就是面对筛选后的需求如何进行最优化地处理。事实上，由于一个产品很难满足所有用户的需求，因此如何确定哪些需求先实现、哪些后实现，即定义需求的优先级是一个亟待解决的问题。

针对如何定义需求优先级的问题，目前有 KANO 模型和四象限分析法两种常用的方法。

（1）KANO 模型

KANO 模型将需求分为五类，如图 4.13 所示。必备属性是必须有的，就像手机最基本的功能是打电话、发短信一样，没有此功能就不能称之为手机，只能上网玩游戏叫 iTouch，不能叫 iPhone，如果必备属性不满足，传播影响将会是反向的；期望属性是指客户的满意状况与需求的满足程度呈比例关系的需求，由于这一类需求是用户内心所期望的，当期望得到满足或表现良好时，客户满意度会显著增加，反之则会降低；魅力属性是指提供给客户一些完全出乎意料的产品属性或服务行为，使客户产生惊喜，客户就会表现出非常满意，从而提高客户的忠诚度；无差异属性是无论是否有这个功能，都不会影响客户的满意度；反向属性是指这种需求是用户不想要的，但开发者可以借此获取商业利益，这种需求会降低用户对产品的好感度。

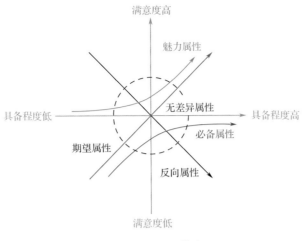

图 4.13　KANO 模型

（2）四象限分析法

四象限分析法是美国管理学家史蒂芬·柯维（Stephen Covey）提出的一个时间管理理论，把工作按照重要和紧急两个不同的维度进行了划分，基本上可以分为四个"象限"。而将这种分析方法运用在定义需求的优先级时，则表现为如图 4.14 所示的样式。

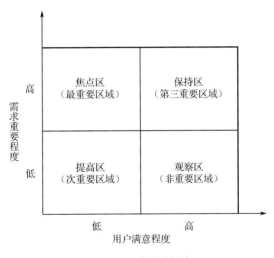

图 4.14　四象限分析法

这一例子中，将用户满意程度和需求重要程度分别作为图示的横轴和纵轴。各个需求在这两个衡量指标方面的平均打分都可以标识在图中。在概念上，根据各个需求的不同取值可以分为四个不同性质的区域。焦点区为最重要的区域，这一区域的用户需求重要性最高，同时，用户的满意程度却相对较低。这一区域的需求对于设计师和用户来说多是最为迫切的，应当给予特别的关注。提高区为次重要的区域，这一区域的用户需求重要性相对较低，同时，用户的满意程度也低。而用户满意程度相对较低则暗示着解决这些问题有相当大的潜力。这些需求对用户来说并不重要，但是对用户满意度的提高是很有帮助的。保持区为第三重要区域，这一区域的用户需求重要性较高，同时用户的满意程度也较高。这些需求往往反映了已经较好地解决了产品的主要问题。但同时要注意的是对这些做得好的地方要保持并继续提高。观察区为非重要区域，这一区域的用户需求重要性相对较低，同时，当前用户的满意程度却相对较高。一般来说，设计师需要对这一区域内的需求保持足够的了解就可以了。

4.3 用户研究

在以用户为中心的设计理念的指导下，用户越发成为设计师所要关注的重点，设计师需要广泛搜集用户行为习惯的信息，倾听用户的想法和对产品的体验，进而提炼出用户的需求。这些均是用户研究所要达到的目标。本节从用户访谈、角色分析、情景构建和用户体验四个方面来探讨用户研究的相关问题。

4.3.1 用户访谈

用户访谈是以用户为中心的设计过程的发现阶段所使用的研究方法，也是诸多用户研究方法中的核心方法之一。它既可以独立使用，也可以与其他研究方法，如观察法、可用性测试等共同使用，甚至是构成某些研究方法的基础，如焦点小组等。之所以要做用户访谈，是因为设计师在设计产品时若仅以自身的需求为依据设计产品则很难满足终端用户的需求。因此通过访谈的方式倾听用户的想法格外重要，且是获取用户需求有效的方法。

1. 访谈的类型

根据不同划分标准，用户访谈有多种类型，如根据访问者与受访者之间的接触，有面对面接触的直接型访谈和通过互联网和电话等媒介的间接型访谈。一般情况下，让用户处于自然的环境中，访问者与受访者之间开展面对面交流的直接型访谈能取得最好的结果。也可以根据受访者的多少来划分为单人访谈和焦点小组两种类型。设计师可以根据实际需求和客观条件选择合适的访谈类型,根据访谈的开放程度分为结构化（标准化）访谈和非结构化（开放式）访谈。结构化访谈是一种对访谈过程高度控制的访谈方式。访谈时提出的问题、提问的顺序和方式，及受访者回答的记录方式都保持一致，便于量化和统计分析。而非结构访谈则相对自由很多，受访者回答问题的方式可以自由地发挥，但相对来说要考验访问者对问题的理解，及引导受访者回答深入的能力。

2. 访谈的流程

用户访谈的流程大致可以划分为三个阶段，访谈准备阶段、访谈实施阶段和访谈后的处理阶段。

（1）访谈准备阶段

在访谈开始之前，访问者要根据研究目的和产品的特点，选择招募合适的受访对象，可以通过发放招募问卷，或从相关数据库中挑选合适的受访者。再积极与受访者进行沟通，并提供访谈的相关信息，包括访谈时间、地点、时长及访谈准备等。同时要布置好访谈的环境，若是受访者来访问者处进行访谈，访问者除了要准备好访谈时所要提出的问题，还要准备好访谈可能需要的文件和设备，如保密协议、面谈指南、录音设备和相机等。

（2）访谈实施阶段

在访谈正式开始之前，可以通过与受访者进行测试性的访谈来调整访谈节奏和问题。访谈正式开始后，首先是访谈介绍，包括访谈目的介绍，让受访者重温这次访谈的主题；访问者和受访者的自我介绍，这一步的目的在于拉近访问者与受访者的关系，为接下来的访谈做好准备；最后是访谈的规则介绍，让受访者对整个访谈情况有大概了解，保证访谈顺利、有效地进行。然后就是访谈的关键部分——访问者的提问和受访者的回答环节。要注意在提出问题时，要把握先浅后深、先易后难的尺度。在访谈时，访问者还可以根据访谈每个部分的内容做一个回顾和总结，起到承前启后的作用，并可以借此向受访者做最后的确认。访谈结束后，访问者要注意结束语的表达和对受访者表示感谢。

（3）访谈后的处理阶段

访谈后的处理阶段主要是指对访谈所得信息的处理。访谈过程中除访问者和受访者之外，一般情况下还会有访谈助理进行访谈记录。访谈助理除对受访者回答进行如实记录外，还需要在旁观察受访者回答问题时的语气、表情，这些都会帮助研究人员准确理解访谈内容。访谈结束后所得的音频和视频资料要妥善保存，留待后期的分析研究，对访谈得到的受访者的回答，要规范整理。

3. 访谈技巧

用户访谈实际上还有很多技巧需要设计师了解。这些技巧不仅仅局限于访谈提问的技巧，还需要注意很多其他方面。①访谈的环境对访谈会造成不小的影响。访谈空间的选择要适中，不宜过大或过小，访谈空间内部的灯光、装饰和摆件也会影响到访谈的氛围。访谈座位的摆放也要注意让访问者和受访者处于一定的角度，切记不要在一条水平线上。②访问者发音要清晰、表达要清楚、语速要中等。在访谈时，访问者要表现得亲善随和，以拉近与受访者的距离，同时也要能对整个访谈进行掌控。③访问者提出的问题要先从简单的问题开始，再问一些开放式的问题，如"你为什么……""你是如何……"和"你做了……"等。不要提一些封闭式的问题，如"你喜欢某某吗？"等。④访谈中当受访者在表达自己观点的时候，访问者可以采用比较自然和鼓励的倾听方式，让受访者自由放松，说出自己的真实想法。⑤访问者还可以使用一些工具，如卡片、交互原型、照片、物体等，以使访谈更具交互性，使抽象的问题更具体。上述几种访谈技巧是用户访谈时常用技巧的一部分，设计师可以根据自己的研究目的和实际情况加以选择。

4.3.2 角色分析

1. 用户角色

用户角色，指的是设计师通过前期的调研与分析，有目的性地虚构出来的人物，用来代表最终的用户群体。如图4.15所示为一款以女性用户为主的App产品所构建的用户角色。用户角色一般会包含用户基本信息，如家庭、工作、生活环境的描述，以及与产品使用相关的具体情境、用户目标或产品使用行为描述等。在交互设计领域，一个产品通常会设计3～6个用户角色来代表其主要的用户群体。用户角色相当于一个工具，将抽象的数据转化成虚拟的人物，来代表个人背景、需求、喜好等。设计师通过这些能够代表一定用户群体的虚拟角色的需求分析，来推断真实用户的需求。用户角色这个工具也可以起到交流的作用，统一众多参与人员对用户的理解。

图 4.15　用户角色

用户角色以定性和定量为划分依据，可以分为定性用户角色、经定量检验的定性用户角色和定量用户角色三种类型。但需要注意，用户角色不是用户细分，用户细分是市场研究中常用的方法，侧重于用户与商品的对应关系，关注的是用户如何看待和使用产品，如何与产品互动；用户角色关注用户的目标、行为和观点，以及不同用户群体之间的差异。用户角色不是"平均用户"，也不是"用户平均"，关注的是"典型用户"或是"用户典型"。创建用户角色的目的在于通过关注、研究用户的目标与行为模式，帮助识别、聚焦目标用户群。用户角色不是真实用户，设计师不可能精确描述每一个用户是怎样的、喜欢什么，因此设计师需要重点关注的是用户需要什么、想做什么，通过描述他们的目标和行为特点，进行需求分析和产品设计。

2. 用户角色的作用

用户角色可以在整个产品开发过程中都起到好的作用，主要有以下几点。转化作用，用户角色可以把抽象的数据转化成具体的人物。使设计师可以设身处地地为用户着想，帮助设计师更加准确地理解用户的实际需求。评定作用，设计师可以根据是否满足各个用户角色的需要来评定和指导各种不同的解决方案,根据用户满意度评定产品功能的优先级。防止作用,用户角色有助于防止"自我参考设计",即在设计产品时,设计师会在不知不觉中将自己的心智模型映射到产品设计之中,用户角色可以帮助设计师将关注的重点集中到目标用户的实际需求上。

3. 用户角色的创建方法

用户角色的创建方法目前常用的有七步人物角色法和十步人物角色法。

(1)七步人物角色法

七步人物角色法,如图 4.16 所示,主要步骤有七个。

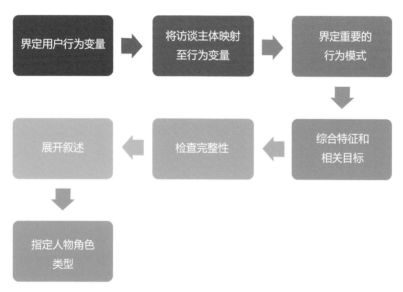

图 4.16　七步人物角色法

① 界定用户行为变量,即将典型用户的活动、态度、能力和技能等变量收集归类。

② 将访谈主体映射至行为变量,即通过访谈目标用户,将访谈对象与行为变量一一对应起来,且要对应到某一范围的精确点。

③ 界定重要的行为模式,即在多个行为变量当中看到同样的用户群体,进而归纳出这一用户群体的行为模式,若归纳正确,那么这一用户群体的行为变量和行为模式之间存在着相应的逻辑关系。例如,喜爱自拍的人在购买手机时会倾向于选择自拍功能好的手机产品。

④ 综合特征和相关目标,即根据事先对用户调研所取得的数据,再结合用户使用产品的场景,显示出目前产品各方面的优点和不足等特征,再提出用户对产品的目标,如产品的可用性目标、用户的体验目标和生活目标等。

⑤ 检查完整性,即检查人物和行为模式的对应关系,是否存在重要缺漏,是否缺少重要

的典型人物，是否缺少重要的行为模式，确保用户角色和行为模式的独特性和差异性。

⑥ 展开叙述，即叙述创建的用户角色的基本情况，如年龄、性别、工作情况等；再叙述用户角色在与产品相关的场景中的状况，在场景的叙述中反映调研过程中所收集到的相关问题。

⑦ 指定用户角色类型，即将所创建的多个用户角色进行优先级的排序，可以划分为典型用户、次要用户、补充用户和非目标用户。

根据七步人物角色法针对英语口语学习类 App 可以创建如下用户角色，如图 4.17 所示。通过七步人物角色法前面几个步骤，将收集到的用户信息划分为不同的几类人群，然后针对不同群体的调查研究，归纳出不同人群的用户特征及他们学习英语口语的场景，并创建能够代表这类人群的用户角色，再结合具有代表性的场景，叙述相应的情景，最终根据产品设计的目标确定用户角色的优先级，完成用户角色的创建。

何小玲

性别：女　年龄：18岁

性格：活泼开朗，喜欢新鲜事物。

用户特征：作为刚入学的大一新生，希望在大学期间多学习英语，为以后的英语四六级考试做准备。

场景描述：小玲经常会在吃完早饭，等待去上课的间隙时间，用手机里的英语App背单词。

用户需求：1. 希望能在娱乐的同时学习一些英语口语的技巧。
　　　　　2. 能够背单词。
　　　　　3. 界面简洁。

用户类型：典型用户。

赵小娜

性别：女　年龄：32岁

性格：热情大方，有进取心。

用户特征：进入职场好几年了，本身英语口语就很好，但是由于平时不经常使用，所以急需恶补一下英语口语。

场景描述：由于最近公司要安排出国学习一年，小娜在报了商务英语的学习班后，还利用坐地铁的时间用手机上的英语App学习。

用户需求：1. 有专门针对英语口语学习的模块。
　　　　　2. 界面设计简洁。

用户类型：次要用户。

赵卫国

性别：男　年龄：65岁

性格：成熟稳重，有毅力，不服老。

用户特征：退休在家，跟老伴一起生活。儿子一家在国外生活，最近儿子准备接自己和老伴出国照看孙子，所以希望学习英语口语。

场景描述：在邻居的帮助下，赵爷爷用手机下载了一款学习英语的App，每天晨练结束后，花上半个小时学习英语口语，但是感觉发音太难记，而且软件操作起来也太麻烦了。

用户需求：1. 希望有专门练习口语的App。
　　　　　2. 操作越简单越好。

用户类型：非目标用户。

图 4.17　七步人物角色法创建的用户角色

（2）十步人物角色法

十步人物角色法，如图 4.18 所示，主要步骤有十个。

① 发现用户，即确定所要创建用户角色的原型用户及他们与产品的关系，需要设计师进行前期的用户调研，可采用问卷和访谈等形式收集资料。

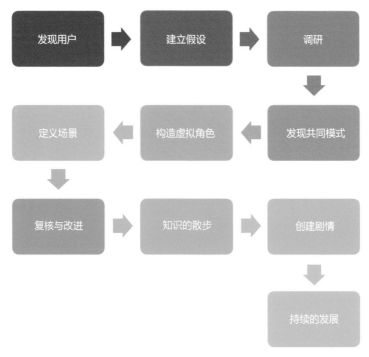

图 4.18　十步人物角色法

② 建立假设，即根据所收集到的用户资料，先对整个用户群体进行假设性的归类划分，发现用户之间的差异并大致描绘出目标人群。

③ 调研，即针对主要用户角色、场景和剧情的调研。

④ 发现共同模式，即基于调研所得的用户资料，发现他们的共同模式，将其分门别类地分为不同的用户群。

⑤ 构造虚拟角色，即编写确认虚拟用户角色的相关信息，如年龄和性别等。

⑥ 定义场景，即用户角色在何种场景下产生何种需求，这是构建用户角色的关键一步，设计师根据用户角色在不同场景下产生的不同种类的需求为后期的设计提供必要的思路。

⑦ 复核与改进，即设计师对已经创建好的用户角色模型的描述和评价，发现是否存在不足。

⑧ 知识的散步，即通过召开讨论会等方式邀请不同的人群对所创建的用户角色进行评价。

⑨ 创建剧情，即创建叙述式剧情，设计师使用用户角色描述和场景形成剧情，以得到用户案例，并对需求规格进行说明。

⑩ 持续的发展，即随着研究的不断深入，已经创建好的用户角色也会随之进行不断的修改完善。

根据十步人物角色法针对超市智能购物车可以创建如下用户角色，如图 4.19 所示。根据调研结果，将智能超市购物车的目标用户划分为不同的群体，有学生、公司白领和家庭主妇等，总结归纳这些用户的特征，并结合这些群体在超市购物时的场景，创建人物情景，完成用户角色的创建。

姓名：张小美
年龄：19岁
职业：学生
去超市的频率：1~2次/月
情景故事：一次张小美在超市的收银台等待结账的时候，正赶上高峰期，小美一边推着购物车排队，一边用手机打游戏，等了十几分钟，连游戏都结束了，却还没有排到自己，小美想下次一定不能挑高峰时段来超市买东西了，这结账排队的时间也太长了。
需求：希望可以缩短超市结账时的排队时间。
　　　倾向于在线支付的方式，不方便携带零钱。

姓名：王娜娜
年龄：29岁
职业：公司职员
去超市的频率：3~5次/月
情景故事：身为公司职员的王娜娜平时工作比较忙，基本上都是吃公司食堂或者外卖，但是每到周末都会去超市买点自己喜欢吃的东西，在家做一顿好吃的犒劳自己。但是一次在超市购物的时候，娜娜不自觉地买上好多东西，直到结账的时候才发现超出了自己的预算，并且买的东西自己根本吃不完，时间一长，坏了，只好扔掉。
需求：希望在购物的时候能够提醒自己买了多少钱的东西。希望可以在线支付。

姓名：韩美玲
年龄：42岁
职业：全职太太
去超市的频率：12~15次/月
情景故事：韩太太每隔两三天就会去超市一趟购买一家人所需的食品和日用品。每次购买的东西都不是很多，但是喜欢货比三家，小区周边三四家超市都会去。一次在超市买完大米回家后，发现邻居李太太在另外一家超市买的同样的大米要便宜不少，感觉自己真有点吃亏了。
需求：希望可以查询到周边超市的货物，进行比价。不反对在线支付。

图 4.19　十步人物角色法创建的用户角色

4.3.3　情景构建

情景构建，也称情景分析法或脚本法，简称情景法。情景是对事物所有可能的未来发展态势的描述，既包括对各种态势基本特征的定性和定量描述，还包括对各种态势发生可能性的描述。情景分析法是由荷兰皇家壳牌集团（Royal Dutch /Shell Group of Companies）于 20 世纪 60 年代末率先使用的基于脚本的战略规划，并获得成功，于 1971 年正式提出。在 20 世纪 90 年代末，人机交互领域的领军人物，美国宾夕法尼亚大学信息科学与技术学院教授约翰·卡罗尔（John M. Carroll）提出了以场景为基础的设计理念（Scenario-Based Design），相较以往在企业的战略分析中所使用的情景法，约翰·卡罗尔（John M. Carroll）提出的方法则更偏向于对用户客观行为的描述。情景分析法用一个有力的框架工具来构建故事，通过故事，把用户、环境和行为等要素串联起来，细腻地捕捉用户在实际场景中的生理和心理特点，帮助产品找到潜在的问题和市场机会。

1. 情景分析法的作用

情景分析法作为帮助设计师找到用户需求的工具，主要有以下三点作用。

（1）梳理用户行为

设计师通过前期的观察和用户访谈可以得到关于用户行为的信息，情景分析法将这些用户行为信息串联，将这些行为信息编纂成一个完整的"故事"，为后面的分析做准备。同时可在多个用户行为信息存在的情况下，排除用户行为信息中的个性部分，归纳用户的共性行为。

（2）验证现有设计方案的可行性

根据调研得出的结论，经过分析，提出设计方案。情景分析法可帮助设计师来验证现有设计方案的可行性，找到不足。

（3）用户角色的补充

用户角色源自对现实中用户的分群归纳，如果仅是对用户类型和性格等方面的概括总结，则会使得用户角色显得单调，不利于后期的设计分析。因此需要为每个虚拟的用户角色安排一段与产品相关的行为描述，来说明用户角色在使用产品时的具体情况。

2. 情景构建的内容

在明确情景分析法的作用后，如何构建情景则成了主要问题。情景构建通常要考虑以下四个方面的内容。

（1）情景故事主线的归纳

当设计师通过前期的观察法和访谈法得到关于用户行为的信息后，将这些独立的行为信息串联成一个完整的"故事"，需要有一个简单清晰的故事主线，但是故事主线一定要围绕着产品展开。

（2）情景故事要素的填充

确定情景故事的主线就如同搭好一个完整的框架，再用各种细节来填充这个框架，使情景故事更加饱满丰富。人物、故事情节和环境是小说的三大要素，而情景故事与此类似，也有三大要素，分别是特定的环境或状态、单个或多个用户角色和与用户角色相关的媒介工具。特定的环境或状态是用户角色与产品之间发生交互关系的环境或相应的状态；用户角色是整个情景故事的核心，整个故事都是围绕着用户角色展开的，在情景故事中要加强对用户角色动机、能力和用户使用产品所需要知识的描述，以方便后面的分析；与用户角色相关的媒介工具，在很大程度上指的是所要设计的产品或与产品相关的物品。

（3）情景故事的整理和完善

在梳理情景故事时要注意控制整个情景故事的篇幅，篇幅一般控制在 100 ~ 200 字左右，精简掉不必要的细节，有利于设计师在阅读和分析讨论故事时进行记忆。

（4）情景故事的要点标记

情景故事的主要目的在于让设计师清楚地了解用户的行为习惯等相关信息，因此对情景故事内要点的标注很有必要。这些要点包括了用户角色主要的行为流程、故事中出现的相关物品、与用户角色之间的交互联系和故事中用户角色的行为结果，分析不完善之处，寻找机会点，有助于设计出产品的新的特色。

4.3.4　用户体验

用户体验是用户在使用或期待使用某一产品、系统或服务时的感受和反应。用户和产品接触的全部过程可称为用户体验，这一全部过程包括了从最初了解产品、具体研究、获得产品、安装使用，直到产品的各个方面的服务与更新，如图4.20所示。

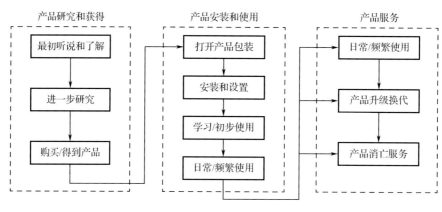

图4.20　用户体验的全部过程

在实际生活中，有很多因素影响用户使用产品的感受，即对用户体验产生影响。这些大大小小的因素可以划分为三种类型，即用户因素、产品因素和环境因素。

① 用户因素，主要包括用户的情感、用户的能力、对产品的理解和认知，以及用户期望用产品完成什么样的任务、达到什么样的目标等。当设计师在进行产品用户体验方面的设计时，有时用户的因素属于客观存在，设计师无法在产品设计上对这些因素进行优化，需要设计师将某些用户因素转化为用户需求，将其运用到产品设计中。

② 产品因素，主要指产品的功能和技术对用户体验的影响。产品的功能需要满足用户的需求，如果不满足这一点，其带给用户的体验是糟糕的。用户选择产品时，以自身的需求为出发点选择相对应功能的产品，技术也与产品的功能一样，对于建立成功的用户体验十分重要。

③ 环境因素，包含自然环境因素、社会环境因素和文化环境因素。这些环境因素对于用

户关于产品的体验也产生相当大的影响。

课后习题

1. 简述竞品分析有几种方法，并简要介绍。
2. 产品为何要实施品牌策略？
3. 调查问卷主要有哪几种分类方式，每种分类方式包括哪几种类型？
4. 简述马斯洛需求层次理论。
5. 简要回答需求获取的途径和方法。
6. 简述情景构建的作用。
7. 何谓用户体验？
8. 针对一款产品，根据"七步人物角色法"或"十步人物角色法"创建产品用户角色。

第 5 章

交互系统的设计

在产品交互系统设计的过程中，需要产品经理、交互设计师、视觉设计师和程序员的共同合作。交互系统的设计通常分为需求分析、用户研究、概念设计、信息架构设计、原型设计、交互方式设计、视觉设计、程序实现和测试上线九个步骤。其中交互设计师需要从需求的获取一直参与到最后产品的成功上线，在各个环节有着不同的目标和任务。在需求分析、用户研究、概念设计和信息架构的环节中，交互设计师需要配合产品经理建立用户画像，整理出最需要的功能及搭建出产品的基本框架；然后在原型设计和交互方式的设计过程中，由交互设计师自己把握产品的交互方式和内容，通过在纸原型和软件将产品的原型图输出；再配合视觉设计师对界面整体进行设计；最后将完整的设计方案交给程序员，交互设计师需要与程序员相互沟通并推敲，力求将产品的每一个功能完美地实现。本章将以九个步骤为主线，详细阐述交互系统的设计流程。

5.1 需求分析

需求分析是产品设计的第一步，也是非常重要的一步，一个成功的产品，首先要有合理而又清晰的需求。需求是产品的根基，在产品大树的成长周期中，每时每刻都需要从需求的根系中汲取资源，从而调整生长的方向。为了确保全面而又准确地获取信息，更好地服务于后续的设计研发，必须重视对产品需求的研究。在心理学上，需求被定义为由个体在生理上或心理上感到某种欠缺而力求获得满足的一种内心状态，它是个体进行各种活动的基本动力。

用户作为个体，经常产生对产品的不满足，也被称为"痛点"，而设计的意义便在于发现并解决用户的"痛点"，从而使用户内心获得满足。因此，产品可以理解为：解决某种需求的物品或服务。

5.1.1 需求来源

需求的来源总体分为外部因素与内部因素。

1. 外部因素

（1）市场剖析

产品与需求是处于一个完整的行业生态链之中的，获取需求，首先应该从整个行业背景入手，以"上帝视角"来剖析市场，同时也需要关注行业政策的风向标，寻找可以带来商业价值最大化的需求。

（2）用户研究

用户研究包括用户调研和用户反馈。用户调研即通过调研的一些基本方法，如问卷调查、现场观察、资料分析、用户访谈等，与目标用户进行沟通，得出初步的用户需求。用户反馈也是需求的重要来源，除了产品内部反馈入口，还有各种平台社区、客服和销售等途径，收集到反馈信息，对产品的迭代有着重要意义。

（3）竞品分析

竞品，即产品的类似竞争产品，主要可分为两种：一种是用相同的产品功能满足同样用户需求的产品，另一种是用不同的产品功能满足同样用户需求的产品。通过竞品对不同用户需求的处理方式和方法进行分析，对设计师的创新设计具有一定的启发。表 5.1 为健身类 App 的简要竞品分析，从标语、产品定位和盈利模式三方面对 6 款相似产品进行分析。

表 5.1　健身类 App 竞品分析

产品名称	标　语	产品定位	盈利模式
Keep	自律给我自由	健身工具、社交	电商
乐动力	最有爱的健身跑步助手	运动数据记录工具、健身工具	广告、减脂营课程
轻+	轻生活，悦自己	减肥健身综合服务平台、健身工具	电商、减脂营课程
FitTime	即刻运动	健身工具+社交	课程付费、会员、电商
火辣健身	Build Your Hotbody	健身工具、社交	广告
FEEL	想得美，做得到	健康管理工具、健身工具、社交	付费训练计划、电商

（4）合作关系

合作伙伴虽然不是产品的直接使用者，但在产品的整个商业模式中扮演着重要的角色，因此合作伙伴的需求也要引起重视。

2. 内部因素

（1）产品数据

用户在使用产品时会产生大量的行为数据，这些数据会客观地反映出用户画像、行为、喜好和需求等，通过实时数据可视化展现和统计分析，可挖掘用户的潜在需求，驱动产品的优化决策。如图 5.1 所示为医疗服务系统的实时数据分析，用医师日均工作量、病床使用率、门诊病人次均诊疗费用、出院病人人均医药费用、急诊人次、出院人数来分析医疗服务情况，病人分布情况可通过数据联动实现对应地图刷新，从妇幼保健、计划免疫、卫生监督、案件查处分类、居民健康档案、历年建档人数、建档率等方面分析公共卫生，实现医疗卫生智慧化管理。

图 5.1　医疗服务系统的实时数据分析

（2）公司战略

交互设计要服务于企业，产品在满足用户需求的同时必须以公司的战略需求为主导方向，在整理战略需求的时候应多采纳公司的想法。

（3）内部人员

产品的完整开发团队包括产品经理、交互设计师、视觉设计师、开发人员和运营人员等不同角色，每个角色站在各自职业的角度都可以对产品开发提出一些想法，这些想法可以提炼出很多建设性的需求。

（4）自我反思

设计师本身也是产品的目标用户，在调研他人的同时，自己也需要反思，从自己的行业嗅觉与产品经验中来挖掘更深层次的真实需求。

5.1.2 需求筛选

需求分析的第一步是需求筛选，即对从各类渠道获取的需求进行分析整理，从而筛选出目标明确的需求。面对收集来的各种凌乱的需求，需要快速筛选出有用的需求。

1. 真实性

真实性是需求的第一要求，也是用来判断这个需求是"真需求"还是"伪需求"的标准。应首先判断这个需求是否是目标用户的需求，且这个需求对于目标用户是否有存在的必要，只有确定了这个需求的真实性，才可以进行后续分析。

2. 价值性

确定需求的必要性后，所要思考的是需求的价值性。此时需要考虑的是需求可以带来多少价值，以及带来价值的种类，如用户价值和企业价值等。价值性是需求的核心，关于需求的一切规划都是以价值为衡量标准的，如需求实现需要的人力、物力和时间成本及时间的投入产出比等。

3. 持续性

需求的持续性代表了需求可以发挥作用的时间。一个持续性低的需求，可能只在当前的版本的产品中发挥着作用，等到产品更迭之后，可能被其他需求替代，也可能被删除，从而导致需求持续的时间不长，所以在需求筛选中，保留具有高持续性的需求才能对产品产生长远的影响。

4. 可行性

在确定需求的真实性、价值性和持续性后，还必须考虑需求的可行性，因为在现有资源条件下有些复杂的需求不一定能够实现，同时需要考虑如果该需求目前不具备可行性，那么在以后的版本中是否具有可行性。

5.1.3 需求排序

经过需求筛选后，可以获得较为优质的一些需求。再依据需求的重要性给需求排列优先级，判断需求的优先级，主要从产品战略定位、用户价值和技术实现三个层面来进行。

1. 产品战略定位

战略层作为产品设计的顶层，包括了产品目标与用户需求，所以产品战略定位是给需求排序的首要因素。在通过战略定位给需求排列优先级的时候，首先应该明确产品的战略定位是什么。比如，淘宝天猫是大型购物类网站，其核心战略定位就是购物，所以关于购物的相关需求，如"需要更清楚、更详细的商品展示页面""需要每次搜索都可以显示商品的搜索次数"等应该放在首要位置；而与购物无关或者是相关度不大的需求，如"希望通过更多途径增加账号上的淘友""希望给朋友分享链接时更加方便"等则在优先级排序上没有前者高。值得注意的是，产品在具有一个坚定不变的总战略的同时，在不同版本、不同时期也有着不同的次级战略，所以在给需求排序时，不仅要考虑到顶级的总战略，还要注意不同时期追求的不同战略。

2. 用户价值

根据用户价值排列需求的优先级，需要清楚不同的需求对于用户的价值，从而根据对用户的影响程度来进行排序。例如，基于 KANO 模型可以将需求划分为基础需求、期望需求、兴奋需求、无差异需求和反向需求。根据产品的实际情况，可以给需求进行排序。例如，微信的基本需求就是社交聊天，如果丧失了社交功能，微信也就失去了存在的意义；同时微信在聊天功能之外增加了朋友圈、订阅号和小程序等功能，满足了用户的期望需求；而微信中的收发红包、微信支付和微信购物等功能，不仅吸引了大量用户，并且为产品带来了融资上的价值，这是兴奋需求的体现。

3. 技术实现

在实际生产中，所有的需求最后都要设计成为功能，交给技术部门去实现。每家公司的技术实力不同，无法确保每个需求都能完美地实现，故应考虑到关于需求实现难易程度的一些问题：这个功能能不能实现？能实现的话，最少需要投入多少的人力、物力、时间？如果不能实现的话，有没有其他可替代的方案？最后将问题进行规划整合，依据技术实现的难易程度再给需求排序。当确定了需求的来源，分析了需求的实质后，便可以整合出一份详细的需求列表，后续的工作便是按照优先级的顺序逐步地处理需求。需求分析是整个互联网项目的第一步，需要认真地去对待。

5.2 用户研究

用户研究是一个了解用户是谁、他们有怎样的思维方式和行为特征的过程，同时，也是一个收集和分析数据的过程，这些数据包括数量统计、人体工程学数据、感性工学数据、使用环境与使用设备数据等。在这些信息的支持下，设计才更有说服力，使产品的功能创意有更为科学的理论依据。用户研究有两个方面，针对新产品，用户研究一般用来明确用户需求，帮助设计师选定产品的设计方向；针对已经发布的产品来说，用户研究一般用于发现产品问题，帮助设计师优化产品体验。用户研究过程包括三个部分，了解用户的种类、特征、行为习惯和建立用户档案；融合用户信息，塑造若干个用户角色；设定使用情境与事件，进行任务分析。

5.2.1 建立用户档案

建立详细的用户档案，可以使设计更加具有明确的针对性，有助于后期的沟通与需求优先级的排序。关于用户档案的建立，主要有四个方面，即定义目标用户群、归纳用户特征、归纳使用环境特征和归纳用户任务。有一款针对大学生"时间管理"的智能产品，从时间价值感、时间监控感与时间效能感三个维度进行用户分析。分析结果显示，大多数用户具有较强的时间价值感，而时间监控感与时间效能感相对较弱，表现为时间计划效率低、时间管理上存在拖延症、执行能力弱和时间管理满意度低等，如图 5.2 所示。

图 5.2 "时间管理"智能产品用户分析

1.定义目标用户群

产品的目标用户群在商业决策的阶段已被大致确定。在此处，主要是对目标用户群进行更加细致的划分，对目标用户群划分得越细，越能更好地理解产品的目标用户和市场竞争情况。通常可按照以下步骤进行。

① 通过定性访谈，分析出划分用户群的因子。因子可以分为两类：基本的人口属性，如年龄、性别、教育程度和职业等；垂直领域属性，如对于此款 App 领域的了解程度等。可根据这两个因子来划分一个四象限的二维坐标系图表。如设计一款健身 App，针对用户群可以定义两种因子，年龄、对健身的喜爱程度，然后以这两种因子为 x 轴、y 轴的坐标

绘制图表，划分用户群。

② 通过问卷调查来验证。在快速划分用户群后，能对市场上的用户群和竞争对手有一个直观感性的理解。然而产品所面对的市场和用户群是复杂而多变的，在快速划分用户群之后，同样还需要快速地进行验证。而问卷调查是一个定量调研的过程，可以验证之前的用户群划分是否正确。如果验证是对的，那么就可以结合定性研究和问卷定量研究的结果，做更深入的分析。如果问卷得出的结论与用户群划分并不相符，可以继续返回访谈的步骤，重新规划问题，设定因子。

2. 归纳用户特征

每一个用户群都有相对应的用户特征，最基础的特征包括年龄、性别、受教育程度和使用经验等。对于不同类型的产品，也需要归纳出与产品设计相关度更大的用户特征。如对健身类 App 的产品，设计师可能需要归纳出用户群体的年龄、耐力、体脂率和健康程度等，而受教育程度与运动的相关性不大，故不用考虑，如表 5.2 所示。

表 5.2　健身类 App 产品的用户特征归纳

用户特征	学　　生	上　班　族	退　休　人　员
年龄、性别	50% 男性，平均年龄 20 岁	45% 男性，平均年龄 40 岁	55% 男性，平均年龄 62 岁
耐力	强	中等至强	低至中等
体脂率	低至中等	中等至高	中等
健康程度	健康	良好	良好
用户期望	增强体质，美化身材	保持健康，减肥	保持活力、健康

3. 归纳使用环境特征

使用环境也是用户档案的一个特征，主要包括使用场所、硬件设备和软件设备等，如使用场所是在室内还是室外，该场所的人员密度、温度、舒适度等；硬件设备，如用户喜欢的终端类型、对品牌的喜好、对设备的要求；软件设备，用户通常使用哪一款软件，是否还有其他不常用的同类型软件。通过归纳这三点的环境特征可以使设计更加清晰，更具针对性。如设计户外使用的电子设备，则需考虑它的防振防摔性能、续航能力及工作温区；设计手机 App 软件，由于分辨率与尺寸的不同，不能直接照搬电脑端的同款软件；设计 iOS 系统的 App 软件，则需要考虑操作系统兼容性的问题，不能模仿 Android 系统的设计。以健身类 App 设计为例，其使用环境特征归纳如表 5.3 所示。

表 5.3　健身类 App 产品的使用环境特征归纳

用户任务	学　　生	上　班　族	退　休　人　员
使用场所	学校操场，公路，野外	健身房，公路，室内场所	城市公园，室内场所
硬件设备	手机，运动手环 iTouch	手机，运动手环	手机
软件设备	小米运动，悦跑圈，咕咚	小米运动，咪咕善跑，每日瑜伽	微信运动

4.归纳用户任务

用户任务的归纳，是对各种用户群体所有需要完成的任务进行整理，并统计任务的重要性与频繁度。如健身类 App 产品的用户任务归纳如表 5.4 所示。

表 5.4　健身类 App 产品的用户任务归纳

用 户 特 征	学　生	上　班　族	退 休 人 员
极限燃脂	√		
活力瑜伽	√	√	√
夜跑计划	√	√	√
力量训练	√	√	
养生太极		√	√

5.2.2　用户角色塑造

在建立用户档案的环节中，已经了解到用户群体，包括用户特征、使用环境特征和用户任务等，为了使用户信息可以更好地融合并直观地运用于设计，可以将这些要素抽象综合成一组对典型产品使用者的描述，即塑造若干用户角色作为所研究的载体，以辅助产品的决策和设计。用户角色并非真实存在的人物，也不是统计学上的平均用户。用户角色是为了方便描述设计的虚拟角色，是针对目标群体真实特征的勾勒，也是真实用户的综合原型。用户角色的准确塑造可以帮助设计师在脑海中建立更加具有真实感的用户形象。如图 5.3 所示，在智能公交站台设计中，基于用户角色而进行的用户行为旅程图的分析，通过对用户情绪、行为和痛点分析，找到设计的机会。

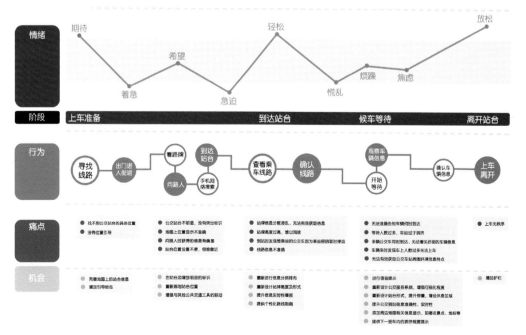

图 5.3　智能公交站台用户行为旅程图

1. 创建用户角色的目的

资源利用最大化，任何产品都无法针对所有人而设计，用户角色的意义就是勾勒所面向的群体，成功的商业模式通常只针对特定的群体，一个团队的资源终究是有限的，要保证将最佳的资源用在最需要的用户身上；引起共鸣，用户角色具有一定的生动性，越接近真实的用户特性越能使设计师感同身受，融入合理的情境之中，并使得产品可以引发用户的共鸣；促成意见统一，帮助团队内部确立适当的期望值和目标，齐心协力去创造；带来更细致的决策，与用户群的细分不同，用户角色关注的是用户的目标、行为和观点，更加关注的是用户如何看待和使用产品，如何与产品进行互动，这是一个相对连续的过程，能够更好地解读用户需求，以及不同用户群体之间的差异，带来更加细致的决策。

2. 创建用户角色的方法

基于七步人物角色法，以设计一款打车类 App 为例，通过七步人物角色法创建用户的角色。

① 发现用户行为。以用户的活动、态度、能力、动机、技能等行为变量集合进行问卷调查。用户的工作类型、工作量和工作效率等，如司机早九晚八每天工作 10 小时，按时完成。收集以上形式的问卷数据，如果数据结果与预想出入差距大，可用用户访谈来补充。

② 访谈目标用户。将访谈对象和行为变量一一对应，再定位到某个范围，如 20% 注重产品的外观设计，20% 注重功能，60% 注重使用体验，其中目标用户就是这 60% 的大多数，将用户进行四象限分类，不同类型的用户看重的产品侧重点和比例不同。

③ 识别行为模式。在多个行为变量上看到相同的用户群体，总结出同一类用户群体的显著行为模式，如司机从接单到开车寻找乘客再到行程结束，识别出这一固定的行为模式。

④ 确认用户特征和目标。从数据出发，综合考虑细节，描述当前产品的不足，以及可以优化的地方。

⑤ 检查完整性和重复。此步骤的主要目的在于检查，检查司机群体和行为模式的对应关系是否存在重要缺漏，在从接单到开车寻找乘客再到行程结束这一固定的行为模式中是否缺少重要的典型人物，是否缺少重要的行为。

⑥ 描述典型场景下用户的行为。此步骤的目的在于检验，即通过表述模型的方式，以虚拟事件结合用户的反应介绍用户角色，如司机从某地接单到任务完成，将其所有的行为虚拟出来。

⑦ 指定用户类型。对所有用户角色进行优先级排序，区别典型用户、次要用户、补充用户、负面用户角色。如在打车类 App 中使用最多的是司机群体，其次是乘客群体，再针对不同等级的用户角色进行针对性的设计。

5.3 概念设计

对于交互设计师来说，其前期工作的输出物主要包括用户调研报告、功能清单和概念设计等，其中概念设计是一个充满主观色彩的工作，但是概念模型的质量对整个产品的交互设计至关重要，因为概念模型奠定了交互设计的基础和方向。在这一阶段，设计师制定出各种各样的产品模型和表现内容，包括文字形式的和视觉形式的，可以用传统手段实现，也可以用新媒体手段实现。

5.3.1 概念设计的意义

概念模型是对真实世界中问题域内事物的描述，不是对开发产品本身的描述，有意识地忽略事物的某些特征，是对产品需要解决的问题进行高度概括和抽象的产物。设计模型作为产品设计者的概念模型，是对产品构成和操作方式的系统化、结构化描述；相对应的是用户模型，它是用户在产品使用过程中形成的关于产品构成和操作方式等的结构化理解。概念模型和用户模型的最理想状态就是二者完全等同，即产品的所有设计意图和操作方式完全被用户所理解，然而现实中二者之间往往存在着一定的差距。概念模型是否正确和有效传达，并能否转化为用户的心理模型，在相当程度上决定了用户对产品功能的理解操作方式和使用效率等。因此对于设计师来说，关于概念模型的设计，重要的是通过简单粗略的表达，传达产品的感觉，为产品设计提供方向，尽量减小概念模型与用户模型之间的差异。

如图 5.4 所示，为海得智能家居中央控制系统的一个概念设计图，其主要描述了以物联家电系统为依托，使系统从原来的单一控制改变为人与物、物与物的双向智慧对话，实现物物相连，为业主创造一个安全、便利、舒适、愉悦的全新生活方式。该设计图构建了产品的使用场景和基本形态，为接下来的设计提供了大致方向。

图 5.4　海得智能家居中央控制系统的概念设计图

5.3.2　概念设计的方法

常用的效率较高的概念设计方法有头脑风暴、故事板、草图和角色扮演等，如图 5.5 所示。

1. 头脑风暴

头脑风暴是最常见的集体讨论方法，具有超强的创造性与发散性，可以与思维导图法结合，为解决问题带来许多想法，如图 5.6 所示。

图 5.5　概念设计的方法　　　　　　　　图 5.6　头脑风暴

（1）确定问题的关键词

头脑风暴的关键是问题的提出，首先需要定义一个明确的问题。头脑风暴讨论的目的是解决一个问题，如不能说"请大家思考一下这个购物类网站如何优化"，而是"请大家思考如何解决关于购物网站导航快速分类的问题"。当定义出问题之后，接下来就是给出问题的核心关键词，每个问题最初都具有很多关键词，在一场头脑风暴中常常无法将其全部讨论，故头脑风暴的发起者需要过滤掉大部分的关键词，选定两到三个最核心的关键词。

（2）尽量找不同的角色来参与

假设头脑风暴的主题是解决关于购物网站导航快速分类的问题，选定的三个关键词分别是快速、易接受和美观，若参加头脑风暴的都是单一学科行业背景的人员，容易将问题偏向某一方，这就失去了头脑风暴的意义。头脑风暴需要组织一些背景差异比较大的人，因为头脑风暴的节奏是先发散后收敛，所以前期目标是收集的想法越多越好，期间不要考虑是否能实现。头脑风暴的发起者是整个过程的分析者，需要把控和记录整个环节的创意和灵感。

（3）维度分析

通过以上过程可以收集很多想法与创新点，下一步则需要对这些创意进行评估。可以采取象限划分的方法，首先，选定某关键词的两种因子，如将解决效果和实现成本作为 x 轴和 y

轴绘制图表；其次，把与该关键词对应的想法在这个象限上分类，便可直观地分析每个想法的属性；最后将其记录下来，作为进行概念模型设计的依据。

2. 故事板

故事板，起源于影视和动画行业。在影视和动画创作中，故事板的作用是安排剧情中的重要镜头，相当于一个可视化的剧本。故事板展示了各个镜头之间的关系，以及它们是如何串联起来的，给受众一个完整的体验。故事板广泛应用于产品的设计过程中，运用一系列图片和语言组成视觉表现形式，将所表达的信息传达给目标用户。产品设计故事板的意义是让产品设计师在特定产品使用情境下全面理解用户和产品之间的交互关系。

（1）文字故事板

描述一个好的用户场景，需要对用户使用这个产品的过程有一个基本的了解，还需要对用户角色和使用情景有所设想。良好的用户情景，可以贯穿整个产品设计的过程，模拟现实的用户操作和交互方式，用于产品的可用性评估。文字故事板尽量使用简单的语言描述用户角色、情境及用户使用情景等，尽量避免给出具体的用户行为和交互动作。合理的文字故事板应该注意以下几个方面：

① 确定角色，若有多个角色则做多个故事板；

② 确定必须完成的目标；

③ 确定故事的出发点或事件：

④ 明确角色信息及它们的关注点；

⑤ 确定故事板的数量，取决于用户角色和目标数量；

⑥ 书写故事，涉及从出发点到结束的一切工作。

（2）场景故事板

"一图抵千言"，当根据特定情景设计产品时，图形故事板往往是表达设计想法的最快和最佳手段。图形故事板可以使用户像看电影一样，充分发挥视觉感官的作用，融入情景当中。在图形故事板中，用户通过一连串的行为，连接成一个完整的场景。逻辑清晰的故事板能将用户的情景移情代入，使设计师和用户处在同一出发点。设计师通过反思各个场景的事件，提醒团队该注意哪些方面，反思交互效果。如图5.7所示，为腾讯公司"安全迅登"App的故事板，分为四个场景，场景一中主人公由于受到病毒的干扰，丢失了很多重要的信息，反映了目前软件不安全性的现状；场景二和场景三将"安全迅登"的功能恰当引入，详细地介绍了其操作流程和交互方式；场景四中主人公再次遇到盗取信息的危险，此时的安全迅登系统向主人公发出了验证信息，成功地阻止了黑客的入侵，展现其发挥的作用和预计的效果。此故事板图文并茂，内容丰富，用户角色丰满，简洁明了地构建了产品的概念模型。

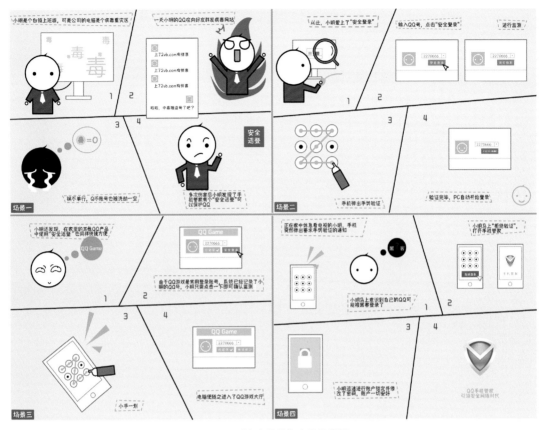

图 5.7 "安全迅登"产品故事板

3. 草图

在设计过程中，绘制草图也是常用的方法之一。在前期设计阶段，可以针对产品的概念以及初级功能绘制简单的草图、基本的形体及其组合、简要的文字说明、较为简单的方向箭头等。如图 5.8 所示为智能鱼缸产品的硬件产品设计草图和 App 软件设计草图，使用较为简明的线条勾勒出产品的基本概念，并配以文字说明，表现产品的功能、形态和使用操作等。

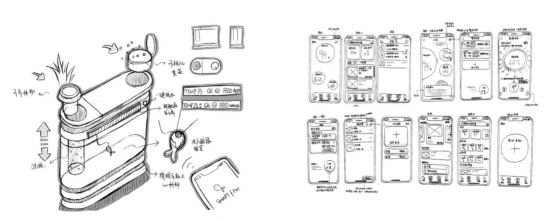

图 5.8 智能鱼缸产品草图

4. 角色扮演

角色扮演有助于用户和产品交互系统的开发与决策，通过角色扮演，设计师可以再现人与产品交互的情境，增强设计的代入感与真实性，使设计师能更加全面地体会实际操作的各种细节。与故事板和草图等其他方式相比，角色扮演更趋向于真实的交互情境。使用角色扮演的目的是对交互操作产生有效的概念化认知，与图形化描述或文字描述的效果是一样的。进行角色扮演需要注意决定角色交互的目标；决定角色扮演所刻画的内容和各个步骤的场次；确保能够记录角色扮演的过程；在团队成员之间分配角色；扮演交互的行为和即兴动作，让动作富有表现力，可配音解释；以不同的场次顺序多次重复角色扮演；分析记录素材，注意任务的顺序、动机及可能影响交互效果的诸多因素。如图 5.9 所示为"时间管理"智能产品的交互情境，基于用户角色，以图示的方式解读该产品如何使用及开启时给用户带来的体验。

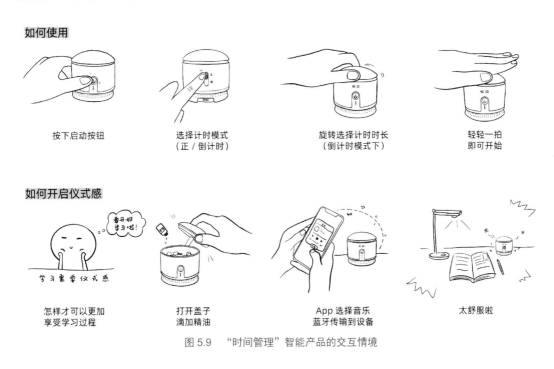

图 5.9 "时间管理"智能产品的交互情境

5.4 信息架构设计

信息架构是古老学科的新应用，起着人与物之间传递信息、增强理解和方便使用的作用。交互设计的信息架构是研究用户如何获取信息的过程，对于设计的产品而言，良好的信息架构意味着可以给用户呈现合理且具有意义的信息。对以信息为驱动力的产品而言，产品的信息架构是非常重要的。在产品设计过程中，信息架构的存在是为了满足用户需求和产品目标，既可以让用户在一定的信息规划下更容易获得自己希望获取的信息，也可以出于产品目标通过信息架构设计去教育、说服和通知用户。

5.4.1　信息架构的分类

1. 从上到下的分类方法

从上到下的分类方法从战略层（产品目标）出发去考虑内容分类，即根据产品目标与用户需求直接进行架构设计。先从最广泛的、最可能满足决策目标的内容与功能开始进行分类，然后再按逻辑细分出次级分类，主要分类和次级分类就构成了空间结构，再将内容和功能按顺序填入，如图 5.10 所示。以新浪微博 App 为例，首先根据产品目标将主要分类分为"首页""消息"、"发送"、"发现"和"我"五个一级架构功能，再进行次级分类，如"发现"下再分为"热门"、"榜单"、"视频"和"头条"四个二级架构功能，最后将三级架构功能如"旅游"、"社会"和"体育"等填入相应的热门分类中。

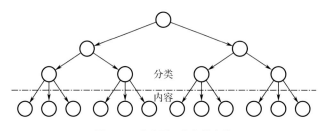

图 5.10　从上到下的分类方法

2. 从下到上的分类方法

从下到上的分类方法是根据内容和功能需求的分析而来的，先把已有的内容放在最低层级分类中，然后再将它们分别归属到较高一级的类别。这种分类方法类似于归类法，通过对内容进行细致的归类和梳理，逐渐构建出能反映产品目标和用户需求的结构，如图 5.11 所示。

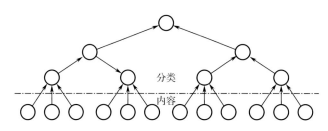

图 5.11　从下到上的分类方法

从上到下和从下到上这两种分类方法都具有一定的优势与局限性。从上到下的分类方法层次清晰，但可能导致主干部分的重要信息被忽略；从下到上的分类方法清楚精准，却可能导致系统过于繁杂，不利于版本迭代。因此两者都有一定的不足，在实际应用中，需要两种方法相互结合，取长补短，找到两者之间的平衡点。

5.4.2　信息架构的类型

信息架构的基本单位是节点，不同的节点承载着不同的信息。节点作为最小的设计单位，需要把握其体量，太大或太小的信息容量均会对系统的布局产生干扰。而节点之间通常以不同的形式进行连接，形成完整的架构。信息架构主要有以下这几种常见的类型。

1.层级结构

层级结构也称树状结构或中心辐射结构，即节点与其他相关节点之间存在父子级的关系。父级节点代表了广义的类别，其中包含着狭义的子级节点。在层级结构中，有些节点并不包含子级节点，但是每个节点都必归属于一个父级节点，即如同树状图式的分布规律。这种结构最为清晰、常见和易于理解。如图 5.12 所示为层级结构示意图。

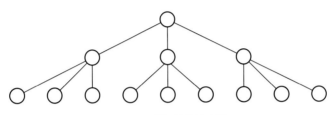

图 5.12　层级结构示意图

2.矩阵结构

矩阵结构的网络通畅性高，允许用户在节点与节点之间沿着两个或更多的维度移动。由于每个用户需求皆以矩阵中的"轴"为纽带，所以矩阵结构常帮助那些具有需求的用户，使他们能在相同内容中寻找各自想要的诉求，如用户可以选择通过尺寸或材质来浏览产品。同时需注意维度不能过多，超过三个维度可能会超过人脑的思考范围。如图 5.13 所示为矩阵结构示意图。

3.自然结构

自然结构是自由度最高的一类结构，节点之间没有明显的分类，不会遵循任何一致的模式，适合于探索一系列关系不明确或者一直在演变的主题，如鼓励用户自由探索体验的社交冒险类游戏。值得注意的是，如果用户下次还需要依靠同样的路径去找到同样的内容，则不太适合，会耗费用户大量的时间成本与学习成本，如图 5.14 所示为自然结构示意图。

4.线性结构

线性结构是最为简单的一类结构，常用于小规模的结构，如单篇文章或专题。大规模的结构适用于那些需要按顺序呈现关键内容的应用程序，如教学类 App。如图 5.15 所示为线性结构示意图。

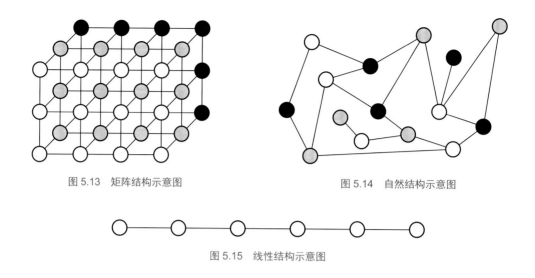

图 5.13　矩阵结构示意图　　　　　　图 5.14　自然结构示意图

图 5.15　线性结构示意图

5.4.3　信息架构的组织

信息架构的组织原则是梳理架构的依据,可以从用户需求和产品目标两方面思考。基于用户层面的思考,包括用户的理解能力和熟悉程度,如已有心理模型、操作习惯和使用频率等。基于产品层面的思考,包括企业的文化、产品的目标、产品的核心价值、产品的主线功能、特色功能等,如一款通信类的产品,需要把与通信相关的功能放在浅层次的地方,其他功能无论重要与否,都必须服从产品核心功能优先的原则。信息架构的组织要保持主干清晰,支干适度的原则。产品的主要功能架构是产品的骨骼,应该尽量保持简单明了,不可以轻易变更,否则会让用户无所适从。次要功能可以丰富主干,但不可以喧宾夺主,要尽量隐藏起来,不要放在一级页面。任何一种信息梳理,都有一个固定的概念性结构,这种概念性结构通常不止一个。设计师的任务是创建一个能与产品目标和用户需求相对应的、正确的结构。在创建结构时,要具体地识别出用户心目中至关重要的那些信息,从而将用户体验与产品设计完美地结合。信息架构的组织原则主要有以下五点。

1. 目标与需求相融合

良好的信息架构不仅体现产品本身的性质,而且还可以和用户需求相结合,使两者相互融合。比如,新闻资讯类 App,一般是以时间顺序组织信息架构的,因为新闻的时效性是最重要的特征,直接影响了用户体验,与此同时,从产品的战略层面讲,只有最新的资讯才能在竞争中获得优势。另外,也有些资讯类产品的战略目标是针对不同用户针对性地推送资讯,因此除以传统的时间维度组织信息架构外,还添加了算法推送,以推送的方式组织资讯内容,将用户最感兴趣的内容直接送达首页,降低了用户搜索资讯的门槛,提高了用户获取资讯的效率。

2. 具有一定的延展性

一个延展性好的信息架构可以最大限度地让新的内容融合进来,能把最基础的功能作为现有结构的一部分容纳进来，也可以把某一个功能模块当作一个完整的新部分加入，如图 5.16 所示。良好的延展性使得架构更加灵活多变，为产品迭代提供了很好的适应性。

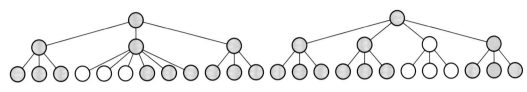

图 5.16　信息架构的延展性

3.一致性、相关性和独立性

良好的架构分类应该有一套准确的分类标准，且对于用户而言是可以被准确理解和学习的。其中一致性体现在标准的唯一性，即一个产品的信息架构是按一套固定的标准搭建的，也就是说，要保证功能入口是唯一的，除快捷方式入口外，这样的好处就是，用户在使用过程中，不会因为有太多的标准而摸不清相应的功能入口，相当于给用户制定了一套标准的框架。

相关性是指上下层级及层级中内容必须具有相关性，受到一定的归属关系的制约。

独立性体现在同一层级分类应该是相互独立的，而不能存在交集或包含关系。

4.有效平衡的广度和深度

广度和深度是衡量信息架构可用性的两种指标，在实际应用中，需要考虑两者的平衡。单独注重架构的广度，会使整体结构"宽而浅"，如图 5.17 所示，可以在首页展现很多内容，操作简单，然而却增加了搜寻有用信息的视觉疲劳。单独注重架构的宽度，会使得整体结构"窄而深"，如图 5.18 所示，首页信息一目了然，然而用户想找到需要的信息可能需要深入层级，反复点击多次，增加了操作的难度。通常，无论是网页还是 App 的层级设计都不必过多，协调广度和深度的平衡。另外，均衡广度和深度需要考虑的因素还有很多，如屏幕尺寸等硬件条件、产品功能目标和用户使用频次等。

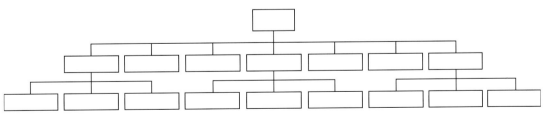

图 5.17　"宽而浅"的信息架构

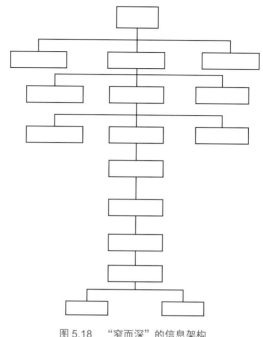

图 5.18 "窄而深"的信息架构

5. 易于理解的文字表达

信息架构不仅需要在设计团队内部相互沟通交流，也需要让用户阅读和理解产品的内容。在文字的表达中要用用户语言进行分类和功能描述，尽量减少太过晦涩的专业术语，可以通过用户测试检验用户对分类和功能名称表述的理解能力。同时，良好的文字表达是没有歧义的。

5.5 原型设计

原型，即产品的原始模型，是将产品的功能、信息、交互形式等利用线框图进行描述，将设计概念转化成可视化的用户界面，是产品从概念到实体及最后产品化的重要实现过程。如图 5.19 所示，为 App 交互原型图。对于设计师来说，可以自己在纸上或者白板上用马克笔画出来，也可以通过电脑软件精确地绘制出来。借助线框图，可以添加注解等辅助性说明内容，为产品需求分析或服务流程和导航设计等提供参考。

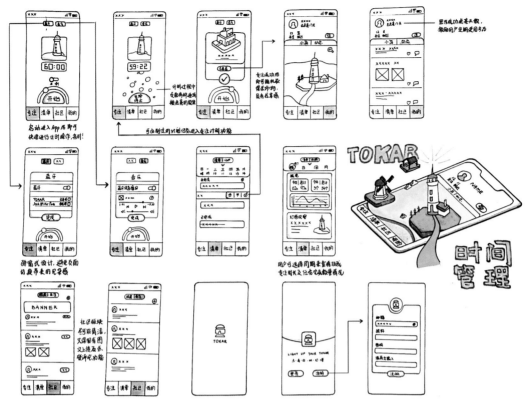

图 5.19　App 交互原型图

5.5.1　原型设计的作用

1. 便于沟通

原型设计是交互设计师与产品经理、工程师等沟通的工具，是以用户为中心的原则进行的设计，是设计师表达自己想法的利器，可以展示出产品的基本的框架或模型，明确产品基本功能和操作方式。

2. 敏捷快速

基于互联网行业的特性，敏捷的开发速度是极为重要的，如果设计和开发流程中有了原型，将会节省很多时间，降低成本。当开发一个新的 App 或一个新的网站时，必须汇集专业团队一起完成这个项目。随着时间的推移，项目的投入会越来越大，容易失去灵活性，导致沟通起来效率较低。一个简洁的交互原型可以使团队成员能够围绕着原型进行快速高效的沟通，更加快速地推进项目进度。

3. 工作轻松

有了原型之后，团队成员沟通的时候不需要彼此发送大量的文件，而是通过对原型的添加或链接，使得反馈更快，原型的修订也变得简单。当设计师整理出一套优秀的原型后，开发人员能够在此基础上拿出更加完善的代码实现方案。产品开发完成后的操作，对后续工作有一定的指导作用。

5.5.2　原型的常见类型

原型按材质可以分为纸原型和线框图，按原型的深入程度可分为低保真原型和高保真原型。

1. 纸原型

纸原型，即在纸张上绘画创建界面原型，主要优势在于不受场地和设备的约束，只需笔和纸，可以在个人静思的时候或者是团队讨论的时候发挥作用，十分方便。远比使用软件设计更加便捷与快速，可以最快速度记录下稍纵即逝的灵感。允许用户在设计初期就介入，在编码之前将用户使用系统的状况展示于众，突出了设计的交互性，这是很多设计团队坚持使用纸原型的原因，如图 5.20 所示为纸原型的形式。

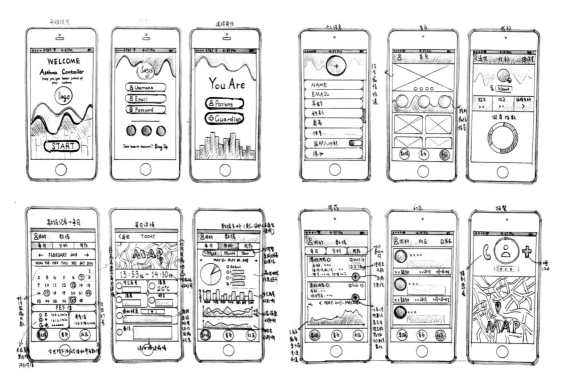

图 5.20　纸原型的形式

2. 线框图

线框图是一种基于屏幕创建的界面原型，其主要优势有，相比纸原型创建较为容易，无须过硬的画功，借助工具即可完成，方便查看和修改，较之纸原型更加逼真。所以在实际设计中，线框图是被运用最广的原型类型。它提供了用户查看的大体布局，在设计中需要注意大局，不必过于细致地修饰设计细节和视觉效果，利于查看梗概；注重信息和控制的组织形式，突出重点，聚合相关信息，分清信息层次并尽量排序。如图 5.21 所示为金融类产品"点餐"App 部分交互原型线框图，在清晰地表达出页面层次逻辑的同时，也附加了说明性的文字，便于理解。

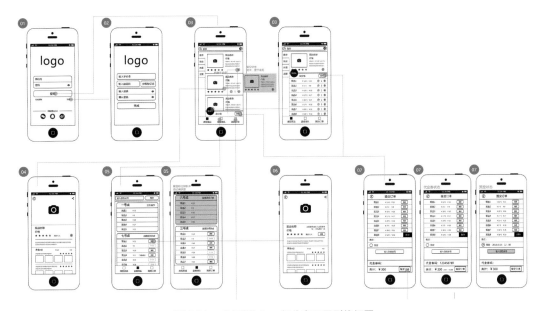

图 5.21　"点餐"App 部分交互原型线框图

3. 低保真原型

低保真原型即逼真度较低的初级原型，与最终产品不太相似且无法正式使用。低保真原型虽然比较简单，但现在应用越来越广泛，其优势主要有，建立低保真原型可以快速接触到用户的反馈，可以将问题可视化，并解决关于产品的易用性和功能上的核心问题；无论个人还是小组，利用软件可快捷构建低保真原型，难度小且成本低，得出的反馈侧重于高层次的概念，而不是具体的细节。由于低保真原型构建的便捷性让设计师有更多迭代的动力和意愿，保证了产品初期的灵活度。低保真原型的应用可以解决约 80% 的产品设计问题。在真正满足用户需求的产品设计过程中，低保真原型是性价比最高的一种方式。如图 5.22 所示为"约足球"App部分低保真原型样稿，清晰地表现了交互形式与操作的流程。

4. 高保真原型

高保真原型简单来说即低保真原型加上视觉效果图和完整的交互效果。由于其细节的完善，制作的成本也比低保真原型高出许多。优秀的高保真原型可以显著降低沟通成本，可以反映最新的、最好的设计方案，以及产品的流程、逻辑、布局、视觉效果和操作状态等。虽然制作高保真原型需要花费更多的设计时间，但可以明显地降低沟通损耗，带来顺畅的开发制作流程。如图 5.23 所示为 App 高保真原型，具有丰富的视觉传达和交互效果。

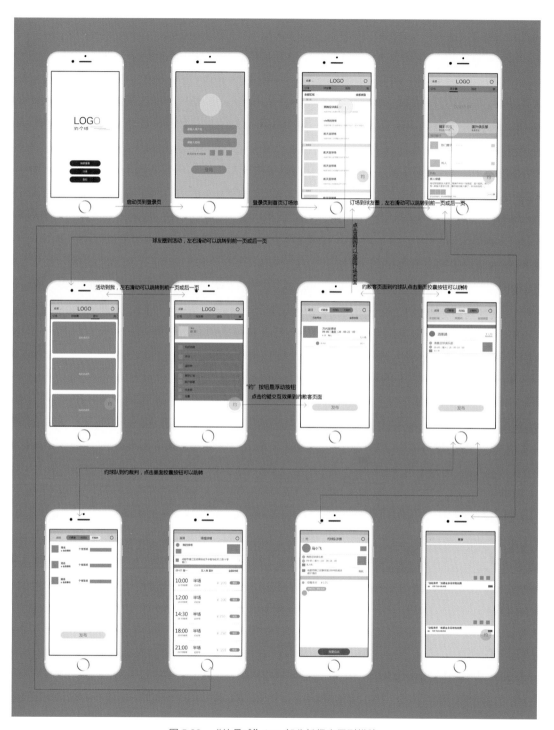

图 5.22 "约足球" App 部分低保真原型样稿

图 5.23　App 高保真原型

5.5.3　原型绘制与制作

1. 原型绘制过程

使用原型设计软件代替纸和笔是一种省时省力的做法，但从可视化与实体化的角度，这并不是最好的解决方案。设计师正在构思网站页面或是移动应用的布局，琢磨功能流程及上下文情景脚本的时候，用笔画草图是更加直接有效的方式，可以帮助设计师集中精力解决产品功能、布局和流程设计，尽情地勾勒各种想法，而不必为工具软件的使用方法或功能限制等方面的因素分散注意力。

① 放松肢体。在画长线条的时候，试着让自己的手与胳膊跟随着肩膀移动，而不是通过手腕或手肘来用力。只有需要快速地画短线条，或是处理一些局部细节的时候，手肘的驱动才更加有效。

② 分层作业。绘制初期，可使用浅灰色的马克笔，如用 20% ~ 30% 灰度的马克笔勾画轮廓和布局结构。在绘制界面元素的细节部分时，逐渐使用颜色更深的马克笔或钢笔，如图 5.24 所示。

③ 绘制多边形。对于那些由长线条组成的用来表示页面或设备轮廓的矩形和其他多边形，可以通过旋转纸面的方法依次画出边框线，而绘制姿势与落笔的角度可以保持不变，如图 5.25 所示。

④ 勾画细节。使用浅灰色的马克笔绘制界面轮廓和布局结构后，开始细节部分的绘制，可以使用颜色更深的马克笔或是圆珠笔、钢笔，配合直尺来勾画，如图 5.26 所示。

⑤ 完整故事。在上下文环境中构思和绘制草图，展示当前界面的应用场景和使用方法，或直接在原型草图中表达，如图 5.27 所示。

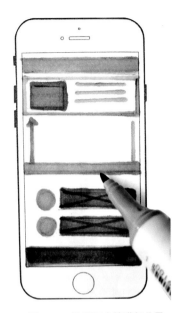

图 5.24　使用马克笔进行分层

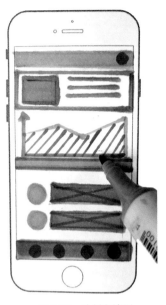

图 5.25　绘制多边形

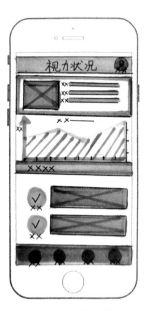

图 5.26　勾画细节

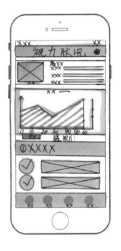
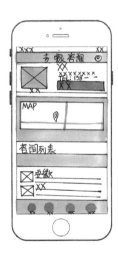
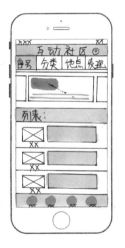

图 5.27　完整的纸原型草图

2. 原型绘制常用软件

（1）Axure RP

Axure RP 是一个专业的快速原型设计工具，Axure 指美国 Axure 公司，RP 是快速原型的缩写。该软件功能齐全，界面清晰，是交互设计师的必备工具，也是目前行业内使用最广泛的原型绘制软件。如图 5.28 所示为 Axure RP 软件。

Axure 8.0 正式版

图 5.28　Axure 8.0 中文版的启动界面

（2）墨刀

墨刀是一款原型设计软件，虽然功能没有那么完善，但能满足基础功能的需求，且使用简单和易上手，能支持团队协作，可提供现成的控件，可直接在移动端预览。同时缺点也很明显，依赖网络，网络不稳定或者服务器不稳定的时候则没法使用，很多交互功能不够强大，如图 5.29所示为墨刀设计软件。

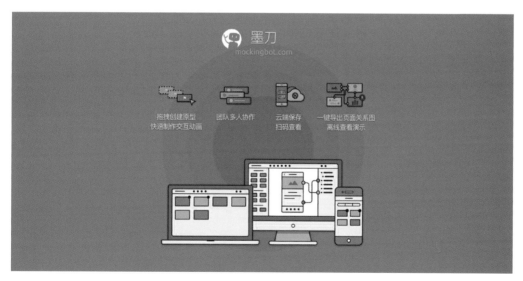

图 5.29　墨刀设计软件

（3）Visio

Visio 软件对于绘制线框图较为专业，也比较灵活，保留 Office 软件的用户使用习惯被接受程度较高，支持各种平台尺寸设计，可以更便捷地输出标准大小的 PDF 文档，方便设计交流，如图 5.30 所示为 Visio 软件。

图 5.30　Visio 软件

3. 原型绘制重点

（1）界面元素

原型界面元素包括文字、下拉框、按钮、图标和图片等。在运用原型设计工具，如 Axure、墨刀或 Visio 等设计产品原型的时候，需要明确界面上的元素类型、展现方式和呈现效果等。如图 5.31 所示为"去哪儿"App 首页，其中对使用的元素以及元素的呈现方式都进行了说明。

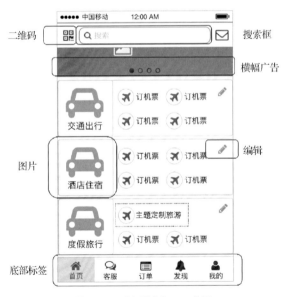

图 5.31　"去哪儿"App 首页

（2）数据逻辑

数据逻辑在设计时常容易被忽视，如新闻类的 App 交互界面，包括三个栏目，分别是关注新闻、热点新闻和最新新闻，最新新闻的数据获取需要在原型设计中进行说明。当然，最新新闻的数据获取是比较简单的，通常是按时间倒序排列的，但如果面对较为复杂的数据逻辑，如关注新闻的数据获取，是获取关注的公告号新闻，还是获取个人新闻，是需要明确说明的。

如图 5.32 所示为糖尿病管理智能产品 App 数据信息，此类产品通过产品硬件采集病人血糖数据，再通过 App 向病人进行信息传达，其相关数据信息按照一定的逻辑关系和顺序进行可视化呈现。

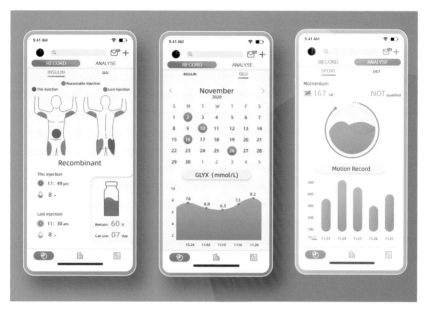

图 5.32　糖尿病管理智能产品 App 数据信息

（3）操作逻辑

首先需要确定一个原型界面上可以操作的元素有哪些，哪些可以点击，哪些可以选择，以及操作后出现的反馈，比如弹出浮层、进入新页面及跳出新页面等。如图 5.33 所示为 App界面操作逻辑流程图。

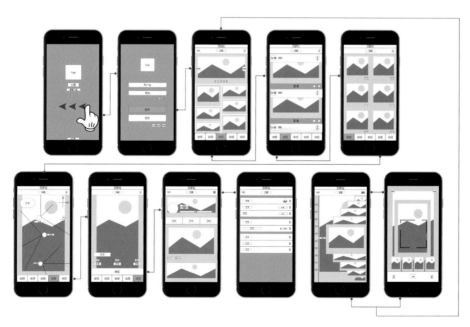

图 5.33　App 界面操作逻辑流程图

图 5.34　腾讯 QQ App 的登录界面

4. 原型绘制技巧

（1）使用合适的设计模式

设计模式是解决设计问题的一系列可行、可复用的原则、方案或模板。在选用交互设计模式的时候，不能生搬硬套，要结合产品特点，吸取多个模式的优点，最终形成合适的设计模式。常用的模式有标签式、跳板式、列表式、旋转木马式、抽屉式、点聚式、陈列馆式和瀑布式等。设计师在进行原型创新设计的时候，需要保证让设计模式提供可见性，易于用户理解。如图 5.34 所示为腾讯 QQ App 登录界面，使用了多种设计模式。

（2）有效的可视化交流

可视化交流的意义在于通过各种视觉元素的合理应用，有助于用户从整体上去理解界面的信息层次；引导用户随着时间的推移顺畅地使用产品；并以一些巧妙的细节设计让用户产生愉悦。基于格式塔简单、相近、相似、连续和闭合的原理，在一个单一视场或参照物内，眼睛的视觉能力有限。在原型设计过程中，要满足用户整体与和谐的审美观，创建有效的视觉层次，通过视觉关注点来吸引用户的注意；创建兼顾顺序和平衡的视觉流程来尝试讲故事，力求具有精彩的开端、高潮和结局，引导用户。如图 5.35 所示为"智能头盔"高保真 App 原型图，其中视觉元素应用合理，功能分区依照格式塔原则布局。

图 5.35　"智能头盔"高保真 App 原型图

5.6 交互方式设计

交互设计的本质是研究人与物、人与人和物与物之间的交互方式，当设计师完成交互原型后，需要构思在原型图中添加交互方式，使用户在与产品交互时能够产生良好的体验。随着科技的发展，人机交互的形式也越来越多样化，在 App 或 Web 开发过程中，无须拘泥于传统的交互方式，一切以用户为中心，以提高用户体验，大胆尝试新的形式。人机交互的发展已经从早期的命令行式交互，发展为基于窗口、菜单、图标、指针的可视化图形界面，并向着多通道、多感官、自然化交互的方向发展。目前主要的新型人机交互方式有触摸交互、语音交互和增强现实等方式。

5.6.1 触摸交互

触摸交互目前应用非常广泛，随着触摸屏手机、iPad 等相关电子产品的兴起，触摸式交互与人们的距离越来越近，成了目前 App 设计最基础的交互方式。触摸屏由于其便捷、简单、自然、节省空间和反应速度快等优点，被人们广泛接受，成为当代最便捷的人机交互方式来源。在目前的触摸方式中，应用最多的是多点触摸方式，多点触控技术可以将任务分解为两个方面，一是同时采集多点信号，二是对每路信号的意义进行判断，从而通过屏幕识别用户五个手指同时做出的点击和触控动作。这项技术可以带来很多细节方面的交互设计，如放大某网页时，可通过两个手指同时向外滑动屏幕来实现，反之，缩小网页时，可用两个手指同时向内滑动实现，如图 5.36 所示。

图 5.36　多点触控

5.6.2 语音交互

语音识别技术，也称为自动语音识别技术（Automatic Speech Recognition，ASR），其目标是将人类语音中的词汇内容转换为计算机可读的输入，如按键、二进制编码或者字符序列。语音交互具有简单、直接和零学习成本的优势，是自然语言对话式的交互，用户无须学习就可以"无感"地唤醒设备，将机器当作人类一样给予指令，是较为智能的一种交互方式。语音识别技术目前已广泛应用于 App 的设计中，只是这项技术目前还不够完善，面临着一些问题，如方言种类繁多和口音各异等，需要建立庞大的数据库才能分辨，因此指令的准确性难以保证，同时，语言含义非常丰富，歧义甚多，无法在不同语境里准确定义。

目前很多软件均内置了语音交互的功能，如图 5.37 所示为"讯飞输入法"中的语音输入功能，通过用户与机器的直接交流改变了传统的交互形式，无须触碰屏幕，就能以自然对话的方式操控手机，不仅能听明白语音信息，还加入了人工智能的元素，可以更主动地为用户着想。如图 5.38 所示为咪咕灵犀 App 的部分界面和功能展示，语音翻译功能是其最大的亮点，可以将所输入的中文即刻转换成相应的五种语言，转换速度非常快，准确率也很高。同时，还可以把语音记录的内容以文字或者图片形式输出，强大的语音交互功能丰富了人机之间的交互关系。

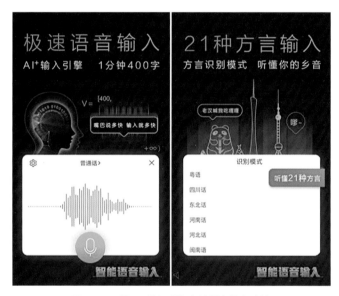

图 5.37　"讯飞输入法"中的语音输入功能

图 5.38　咪咕灵犀 App

5.6.3 增强现实

支付宝 App 推出的实景红包功能，巧妙地运用了增强现实的技术，是一次对增强现实交互方式的尝试，打破了传统点击收发红包的模式，如图 5.39 所示。实景红包以线上线下结合的方式深度互动，拓宽 App 的使用情境。在打开支付宝后，找到实景红包的功能，进入后有"藏红包"和"收红包"两种途径，选择"藏红包"即可进入扫描页面，将手机摄像头对准想要藏的地方，系统自动识别场景并标记，等待数秒后即可锁定，再点击"藏在这里"即可在此藏下红包。若选择"找红包"，则会出现附近所有的实景红包，选择某个红包，长按下方的"按住看线索"查看线索，随后根据线索的提示，找到藏红包的地点，利用摄像头解锁后领红包。

图 5.39　支付宝实景红包

5.6.4 体感交互

除触摸、语音和增强现实的交互形式外，在设计中也可以尝试一些有趣的体感交互形式来丰富用户的体验。如手机的"摇一摇"功能，通过手机的振动来传递信息，从而发生人机交互；如诸多音乐软件上使用"摇一摇"来切换和搜索歌曲；一些高科技的设备还可以通过全息投影来进行全息交互，如图 5.40 所示，钢铁侠系列电影中的全息触控交互；还有一些手机软件可以通过"碰一碰"的方式添加好友，将两个手机相互近距离接触即可实现。诸如此类的创新交互方式不仅提升了产品的设计亮点，也在无形中地培养了用户习惯，增强黏性。

图 5.40　钢铁侠系列电影中的全息触控交互

最自然的与终端进行交互的方式为体感交互，通过体感交互可以将复杂的操作过程使用肢体语言快速表达出来，贴近了人机交互对自然性的要求，如 Kinect 是一款通过红外发射器和摄像头分析玩家动作的感应器。如图 5.41 所示，Kinect 设备可以实现直接通过的身体来控制终端，能够跟踪用户的全身动作，创造了多种用户体验，颠覆了人机的单一操作，使人机互动的理念更加彻底地展现出来。

图 5.41　Kinect 体感交互

5.7　视觉设计

在原型设计和交互方式确定以后，产品的整体框架已经较为清晰，需要在原型基础上进行用户界面 UI（User Interface）设计，简称界面设计。UI 设计是对软件人机交互、操作逻辑、界面美观的整体设计。良好的 UI 设计不仅体现了产品的定位和特点，还能让产品的操作更舒适、简单和自由，创造更加良好的用户体验。

界面是用户与产品互动的媒介，是设计师赋予产品的新面孔。一款优秀的产品界面设计是其视觉设计的最后一步，也是最关键的一步，成功的界面设计可以让用户明确产品功能，顺利完成操作流程，从而获得良好的体验。设计师通过把握界面、文字、图形和色彩等元素，丰富界面的视觉效果，如图 5.42 所示为阿里云的首页，界面设计简洁大气，文字大小符合规范，导航栏分类细致，横幅位置醒目，另外界面颜色采用渐变色彩，体现产品的气质。功能分区良好，界面设计整体上视觉通透，层次感强。使用户可以在最短的时间内了解产品的信息。

图 5.42　阿里云首页设计

5.7.1　界面设计的原则

1. 简约清晰

界面清晰是 UI 设计的准则。主题不明确和模糊不清的界面难以引起用户的关注。模糊界面会造成用户视觉混乱，容易引起疲劳。界面 UI 设计简洁和清晰是第一要素，用户对产品的第一印象是非常重要的，简洁的 UI 设计会让用户在最短的时间内找到自己想要的信息，避免在繁杂的信息中迷失。扁平化是目前界面 UI 设计中常用的表现风格。如图 5.43 所示为 "Truebill" App 界面。除了核心功能以外没有多余的元素，用简洁的语言展现产品功能，给用户明确的使用体验。

2. 亲和力强

UI 设计的过程中要遵守一定的原则，遵守用户的操作习惯。给用户创造熟悉的感觉，增强亲和力，这里的"熟悉"是指大家都非常熟悉的操作，以至于可以列为默认的行业规定，设计师不要轻易地去改变。给用户以熟悉的感觉，并非是绝对统一风格，统一样式，应避免产品的同质化。虽说创新是前进的不竭动力，但是脱离用户认知和行为习惯的创新就是不可取的。比如，有下画线的是指超链接，差号就是倒退或者删除等就属于用户的基本认知。

图 5.43　"Truebill" App 界面

3. 响应顺畅

　　界面 UI 设计的最终目标是提升用户体验，界面响应的速度是在开发过程中必须考虑的重点，在响应的过程中，要考虑如何设计动态界面，给用户感觉到"正在响应"的状态。如图 5.44 所示为利用图形轨迹从无到有的 Loading 进度条动效案例，以进度条展现 App 的响应状态。

图 5.44　页面加载时的进度条动效

4. 风格统一

界面 UI 设计中还必须注意，整体设计风格要统一，如首页是扁平化的设计风格，栏目页及内容页也要开发成扁平化的，颜色搭配要统一，字体和布局等也要统一。只有保持统一的风格，才不会让用户在访问界面时产生错愕的感觉。如图 5.45 所示的 Reporty 软件界面，其界面设计统一运用了扁平化的设计风格。

图 5.45 Reporty 软件的界面设计

5. 美观愉悦

美好的事物总是会让人心神向往，产品设计中增加美观度，是让产品成为美好事物的必要条件。界面 UI 的美观度就是整体界面 UI 设计的美观程度，美观度越高，用户越会爱不释手。质感是提高界面美观度的重要因素，在界面 UI 设计中增加质感，这会让设计的界面更加有特色和完美。如图 5.46 所示的 App 界面具有一定的质感。

图 5.46 有质感的界面

5.7.2 界面设计的规范

1. 页面布局规范

界面布局的规范是界面设计首先要考虑的。在设计开发过程中，无论是基于安卓（Android）系统还是苹果（iOS）系统，无论是基于 Web 平台还是移动终端，都应尽量统一。同时，基于不同的平台和系统应做相应的布局尺寸调整。如图 5.47 所示为苹果（iOS）系统不同版本的布局尺寸，在设计过程中，需要注意如何与不同大小的终端设备尺寸进行匹配，从而规划出相应的界面布局规范。

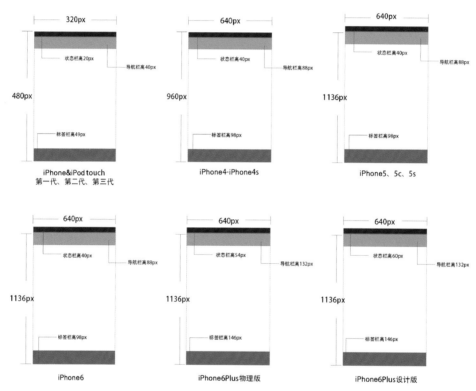

图 5.47　iOS 系统不同版本的布局尺寸

2. 标准色彩规范

界面中的色彩从重要性上分为重要色、一般色和较弱色。重要色一般不超过三种，需要小面积使用，用于特别需要强调和突出的文字、按钮和图标；一般色，一般是相近的颜色，要比重要色弱，普遍用于普通级信息、引导词，如提示性文案或者次要的文字信息；较弱色，普遍用于背景色和不需要突出的边角信息。如图 5.48 所示为唱吧 App 的色彩规范设计以及基于色彩规范设计的界面效果。

图 5.48　唱吧 App 的色彩规范设计及相应的界面效果

3.标准字体规范

文字是界面主要信息的表现，对于移动端，尤其是新闻阅读、资讯和社区等具有较多文字呈现的 App，需要通过规范和良好的编排设计，减轻用户在使用上的疲劳感。规范设计，从重要性上分为重要、一般和弱。主要规范标字体的大小，通过编排和组合突出 App 重要的信息和弱化次要的信息。重要字体和大号字体普遍用于大标题和导航，较小字体用在分割模块的标题上；一般字体主要用在信息呈现上，如正文；较弱字体，一般适用于较弱组合，用于辅助性说明，如一些次要的文案说明。如图 5.49 所示，为网易客户端界面的字体规范定义，图 5.50 所示为网易新闻客户端的字体大小。

图 5.49　网易客户端界面的字体规范定义　　　　图 5.50　网易新闻客户端的字体大小

5.7.3 界面设计的技巧

1. 尽量使用单列布局，慎用多列布局

单列布局能够对界面全局有更好的掌控，同时也可以让用户一目了然地了解内容。多列布局则会分散用户注意力，使产品的功能无法流畅地表达。可以通过一个有逻辑的叙述来引导用户，并在流程末端给出操作指示，如图5.51所示。

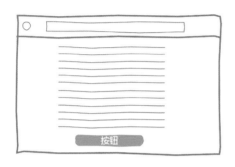

图 5.51 使用单列布局

2. 合并重复功能以使界面简洁

在整个产品开发期间，设计师可能会有意无意地创建很多模块、版面或元素，而它们的功能可能有些是重叠的。此种情况表明界面已经过度设计了，有些冗余的功能模块既没有使用价值，又降低了产品的使用性能。此外，界面上模块越多，用户的学习成本就越大，所以设计师需要考虑重构界面功能，使其尽量精简，如图5.52所示。

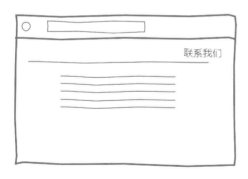

图 5.52 合并重复的功能

3. 选项与按钮设计元素要区分

通过界面上的颜色层次及模块间的对比进行界面视觉优化的设计，可以很好地帮助用户使用产品，随时明确当前所处的坐标，以及可以跳转的界面。要设计一个优秀界面，设计师需要将可点击的元素（如连接和按钮等）、可选择的元素（如单选和多选框等）及文字分区设计。如图5.53左图所示，将点击操作的元素设置为蓝色，选中的当前元素设置为黑色，通过适当的设计可以让用户方便地在产品各模块间切换,不要把这些元素设计得混乱不堪,如图5.53右图所示。

图 5.53　区分选项与按钮

4. 功能区对比鲜明，容易识别

把主要功能区在界面中突出显示,会产生良好的效果。突出界面主要功能有很多种方法,如通过明暗色调的对比来凸显;通过为元素添加阴影、渐变等效果让界面富有层次感,来彰显主题;甚至可以选择色相环上的互补色,如黄色与紫色,来对比设计界面,以达到突出重心的目的。界面会使产品的主要意图与界面其他元素有明显的区分,得到完美的呈现,如图5.54所示。

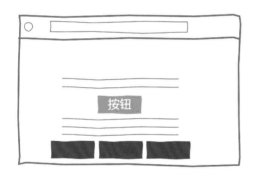

图 5.54　鲜明的界面对比

5. 图形层次化展示，提高可读性

具有层次的设计可以将界面上重要的部分与次要部分区分开来。通对齐方式、间距、颜色、字体大小、缩进和元素尺寸等设计,以及有效的层次化设计,可以提高界面的可读性。相比在一个苍白的界面上用户一眼就可以从上浏览到底的设计,层次分明地设计可以让用户放慢速度来慢慢阅读、理解和思考,使界面设计更有特色。如同一次旅行,可以乘坐高铁快速到达景区,也可以慢行以欣赏沿途风光。因此,层次分明的设计可以让眼睛有可以停留的地方,从而达到身心愉悦,而不是对着空白单调的画面。层次化展示如图5.55所示。

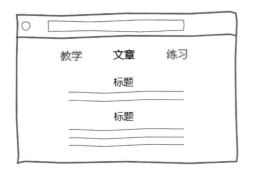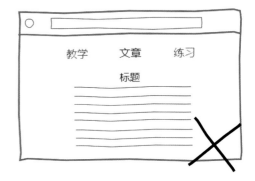

图 5.55　层次化展示

<div style="display:flex">

5.8　程序实现

程序开发是在产品原型设计后开始的,而并非完全是在界面设计后。产品原型设计定案后,设计师进行产品的交互界面的设计,程序员进行程序的开发,双方是可以同步进行的,但双方要有团队协作精神,及时进行沟通和交流。

1. 数据库搭建

基于需求分析梳理出产品功能,建立合理的数据库表结构,优化数据算法,提升数据的处理效率,保证在使用 App 过程中数据的安全性、准确性、稳定性和及时性。

2. 服务端开发

程序应用端的核心处理过程是由服务器端完成的,客户端只需进行收发数据即可。由于用户的硬件配置和存储容量有限,因此核心数据均由服务器端进行运算处理,服务器端处理完成之后反馈给客户端。服务器端的程序开发比较重要,所有的功能均须严格按照需求分析阶段整理的功能来进行开发。

3. iOS/Android 客户端开发

基于产品信息架构和原型设计进行客户端开发,通过代码编程实现,写入功能调用的接口,连接服务器端,方便与服务器端的数据进行交互。利用 Web 和移动端智能产品的软硬件设备,进行软件程序开发和优化,最终前端设计与后台程序融合,开发出与设计效果一致的客户端。

5.9 测试上线

产品在开发出来直到上线需要经过反复大量的测试，从操作流程、交互跳转、按钮和状态等方面都需要确认无误后才能发布。有些公司设置有专门的测试岗位，有些公司需要设计师充当测试人员。设计师虽然不是专业测试人员，但作为对产品有深入了解的人员，测试时具有一定优势。产品经理牵头，对应的技术人员负责做调整，其他小组同事配合。另外，测试是有节奏感地进行的，非直接关注细节，而是从大到小、从功能流程到界面细节、从开发人员到用户逐步完成。

1. 业务方验收产品框架

产品上线后，最基本也最重要的是这些功能是否满足用户需求，所以，在最初测试时可以跟业务方一起核对。例如是否出现了业务或框架上的错误，是否能实现需求，若有问题，尽快做调整，保证业务逻辑通顺。再如，产品大框架是否有问题，每个模块的功能是否有缺失或错误，用户核心场景是否有逻辑问题等。

2. 验收用户核心场景

核心场景，即在产品初期定位时，会确认用户在什么情况下有什么需求、产品能为用户提供哪些价值、解决哪些问题，以及产品通过哪些功能来满足这些基本需求。产品框架验收完成后，可以开始测试产品的核心场景了，这个过程可以参照相关文档，对着场景描述和功能列表逐一测试。

3. 验收产品交互功能

测试交互功能时，每个界面的所有按钮都需要点击，测试是否可以点击，是否有界面缺失、提醒和弹窗，跳转逻辑是否准确和落地界面是否有问题等。另外，界面的空状态、网络异常、消息提醒等特殊情况都需测试。总之，在整个测试过程中，除了参照相关文档，还需要测试人员对业务相当熟悉，这样遇到了问题才能及时发现。产品设计师的敏感度通常比较高，所以，需要用更多精力静下心来测试。

4. 验收视觉样式

交互测试完成后，视觉方面的测试相对简单。这个阶段需要视觉设计师与技术人员进行核对。因为这个阶段只需要核对页面中的样式、控件、文案、图片、字体、颜色等是否与设计稿有出入。根据核对标准，只需测试时留意细节，可提高测试速度。为了提高效率，视觉设计师可以用设计稿与测试版对照，将有问题的地方标注出来，再提交给技术人员进行优化。

5. 用户测试

内部员工测试后，可以发包给一部分核心用户测试。可以选择与项目成员很熟悉、关系好的用户，他们会更配合发现问题也能及时反馈。新用户、中间用户和老用户均为测试对象，甚至可以增加一部分潜在用户。这样收集到的反馈才更具有代表性，便于基于反馈的问题进行调整。

6. 上线

在测试结束后，产品便可以上线。系统维护部、技术部、新项目对接人员共同商定上线审批时间，经公司决策层同意，再根据实际情况确定具体的上线时间。上线后不排除会遇到一些没有考虑到的问题，比如 Bug 比平常更多、老用户不习惯新功能和用户吐槽等。这时产品经理和设计师需要及时与用户沟通，收集用户的反馈，再尽快修改和优化。

课后习题

1. 需求来源主要有哪些？
2. 需求排序主要从哪几个层面入手？
3. 在互联网领域，用户研究主要应用于哪几个方面？
4. 原型设计有哪些作用？
5. 简述交互方式有哪些，并分别举例。
6. 视觉设计应遵循哪些原则？

第 **6** 章

交互系统的实现

交互系统的设计流程包括需求分析、用户研究、概念设计、信息架构设计、原型设计、交互方式设计、视觉设计、程序实现，以及测试上线。下面分别基于 Web、移动端和智能产品三类交互系统，结合具体设计案例讲解。

6.1 Web 交互系统设计

Web 交互系统指网站，可以应用在 PC 终端和移动终端上，其特点为可视范围大、可承载模块多、可展示信息量大。Web 交互系统设计同样是按照需求、概念、信息架构、整体布局、任务操作流程和线框图来进行的。在功能模块的设计和内容选择上，要着重考虑用户的操作习惯和目的。Web 交互系统有首页和二级、三级等页面，首页可细分为头部、导航、横幅、功能模块和底部等。导航有横向导航（顶部导航）、纵向导航（侧边导航）及横向＋纵向导航（两者综合的导航）。横幅形式多样，常见的有轮播图、动态图等。功能模块根据网站的内容进行设计，常见的有图文、视频、目录链接等。下面以蓝莓冰箱公司网络销售平台为例，讲解 Web 交互系统的设计。

1. 需求分析

需求分析要根据企业提出的需求，希望达到的效果和企业能够提供的资源来综合分析。需求明确和细化之后，才能作为设计方案的方向和依据。通过分析蓝莓冰箱公司的需求目标，确定此网站预计达到的最终效果，以便于做好前期规划。通过市场现状与发展趋势的调研，确定此网站具有的功能和服务。蓝莓冰箱公司是一家专业制造、销售小型冰箱的企业，产品面向国内外市场。公司采用了网上购物这一销售模式，建设产品数字化销售平台，通过互联网实现小冰箱的销售和品牌推广。

（1）目标定位

企业通过建立电商平台网站来进行品牌推广、增强销售和优化企业管理。通过产品数字化平台建设，能够展示企业品牌形象和提升品牌影响力，并带来一定的销量。由于互联网特性，使信息的传播不再是主观传达给用户，而是由用户有选择地主动吸收，产品信息通过网站传播推广，提高了产品的销售力；产品数字化平台的建设将会为企业内部管理带来一种全新的模式，可降低企业内部资源损耗、降低成本，还可加强企业与员工、员工与员工之间的联系和沟通等，使企业的运营和运作达到优化。因此，网站定位为发展小冰箱线上销售模式，传播企业诚信为本的理念，建设和传播"蓝莓"品牌，实现小冰箱专业化网络销售。网站力求完美展现产品，简化操作流程，实现在线快速交易。

（2）行业趋势分析

通过对电子商务行业和主流销售模式的需求分析，明确需求目标。我国在计算机拥有量、互联网用户数、网站数等方面的飞速增长，推动了电子商务的发展，电子商务的交易模式也呈现出多样化。如表 6.1 所示为我国目前的 B2B、B2C 和 C2C 电子商务模式。

表 6.1 我国的 B2B、B2C 和 C2C 电子商务模式

模　式	主要业务	代表网站
B2B	主要是进行企业间的产品批发业务，也称批发电子商务	阿里巴巴和万国商业网
B2C	电子商务中的零售业，顾客直接与商家接触	京东、当当和卓越
C2C	用户对用户的商业模式，通过为买卖双方提供一个在线交易平台，使卖方可以主动提供商品上网拍卖，而买方可以自行选择商品进行竞价	淘宝和易趣

蓝莓电器网站属于 B2C 模式，即企业通过互联网为用户提供网络购物平台，用户通过网络在网上选择物品和完成交易。B2C 商业模式在我国已经基本成熟，这种模式节省了客户和企业的时间，大大提高了交易效率。常见的电子商务平台业务功能有管理功能、商品查询功能、商品展示和购买功能、选择配送方式、确认支付功能及订单跟踪功能等。B2C 类电子商务网站在向纵深化、个性化、专业化、融合化、服务化的趋势发展。

2. 用户研究

用户研究的主要目的是把海量用户抽象成更具体的用户形象，将共同特征提炼出来进行分析研究。基于蓝莓冰箱公司的主导产品，确定目标用户群，归纳用户的特征、使用环境、使用产品的任务等。再挑选典型用户做用户画像分析，并进一步从行为习惯上了解用户，最后从用户角度出发构建高满意度网站设计。

蓝莓电器公司的主导产品为小型冰箱，面向国内外销售市场，因此目标用户群可定位为有一定消费能力的、习惯于网购的、有意愿购买冰箱的用户。用户年龄在20—55岁之间，有一定的收入来源，消费水平参差不齐。用户网购时习惯货比三家，大多数用户习惯于在线付款，少数用户愿意货到付款等。

（1）建立用户档案

根据用户角色来建立用户档案，有助于以用户为中心来进行分析。因用户群较广，在此选取几个典型用户做用户画像分析，如图6.1所示。

刘小蓝　　　　　　　　何力　　　　　　　　王梅梅

图6.1　用户画像

① 刘小蓝，男，25岁，独自租房住，正考虑购买一款单人冰箱。他是技术员，网游爱好者，熟练使用各种电子设备，习惯于网上购物。他喜欢购买专业的设备，反感华而不实。分析此类用户，蓝莓官网要表现出比淘宝网更能吸引该用户的特点，如要凸显品牌标识和专业性，产品性能展示要更为透彻，运送快捷，方便维修，品质有保证等。

② 何力，男，45岁，与妻女同住，家中已有冰箱，考虑买一款小型冰箱放在卧室。该用户比较重视产品的价格，喜欢货比三家，重视售后服务，选择网购是因为比实体店优惠。分析此类用户，蓝莓平台要表现出产品的物美价廉，在产品呈现上要尽可能详细，多配图，可增设推荐功能，让用户可以多挑多选，支付流程要尽可能流畅。

③ 王梅梅，女，30岁，已婚，习惯于每日买新鲜食材，考虑买一款容量适中的冰箱。她喜欢外观好看优雅的产品，有咨询客服的习惯，喜欢货比三家，有和家人一起挑选物品的习惯。分析此类用户，可展示多颜色、多款式的产品供其挑选，可设置人工客服，以便随时解答疑问，增加"加入购物车"的文案提醒，方便用户多方考察后做决定。

（2）用户行为习惯分析

分析用户的行为习惯，总结规律，有助于设计方案被大多数人所接受，规避用户疑惑和易错的设计细节。用户浏览网站的一般规律为，在网站页面中，图像比文字表达更具吸引力；用户眼球的第一运动聚焦于网页的左上角，用户浏览网页时，首先观察网页的左上部和上层部分，再从上到下、从左到右呈现出"F"形状的视觉流程；根据视觉锁定，一栏格式比多栏格式拥有更好的表现力；简短的段落相对于长段落来说有更好的表现力；用户通常只浏览网页的小部分内容。

通常一个页面在 3 秒钟内显示完成，如果超过 20 秒甚至 30 秒网站页面还没被打开，用户往往就会离开。用户进入网站 3 秒就会对网站有印象，因此首页设计非常关键。调查发现，影响用户的购买决策有以下几个方面：产品介绍占 38%，网站导航设计占 37%，结算过程占 32%。用户没有完成交易的主要原因有：不愿意在该网站注册占 29%，很难找到想要的商品占 22%，网站看起来不可信或感觉不安全占 17%。

3. 概念设计

概念设计用于设计方案的构思和策划。需求分析仅仅是一个方向，而概念设计充分展示了产品的最终样貌和作用效果，常用的方式有头脑风暴、思维导图、故事板等。用草图的方式构建出使用场景，归纳用户会做出的行为以对网站的成果有合理的预期，如图 6.2 所示。

此网站服务的对象有用户和企业。用户需要有产品信息、销售流程的购物平台。企业需要一个电商门户网站来做展示，同时需要一个管理后台，用于展示产品信息、记录销售订单、提供售后服务等。平台应具有信息流、物流、资金流、商务流，因此从"四流"方面列表说明电商平台主要功能，如表 6.2 所示。

图 6.2　概念设计

表 6.2　从"四流"方面列表说明电商平台主要功能

信息流功能	商务流（交易）功能	资金流功能	物流功能
企业形象展示功能	在线购物功能（购物车）	模拟银行功能	进销存管理功能
商品信息发布功能	在线订货功能（下订单）	会员账户功能	配送管理功能
商品信息查询功能	在线导购功能	资金转账功能	
数据中心功能		邮局汇款功能	
会员注册功能		信用卡分期付款功能	
在线评论功能			
在线调研功能			

经过讨论和构思，除了购物流程的设计之外，网站页面要具有响应性和兼容性，页面设计要风格统一，品牌和导航设计要清晰。用户可以在个人中心进行查看和操作，所有操作均有记录，如商品清单、订单管理、收藏等。用户能清楚地知道自己所处的位置和目标，产品信息在首页清晰展现，操作流程流畅，企业通过后台可以统计和查看所有记录。

4. 信息架构设计

信息架构用于规划网站的功能框架，通过信息架构能清晰直观地展现网站功能和信息。从用户的角度梳理信息流程图，厘清功能操作步骤，保障产品信息和交互流程畅通无阻。

（1）网站架构设计

网站信息架构包括首页、直通车、商品展示、购物管理、在线管理、信息展示、服务指南及其他功能栏目，每个栏目下都设有相应的子栏目，并设有用户登录和注册接口，如图6.3所示为网站信息架构图。

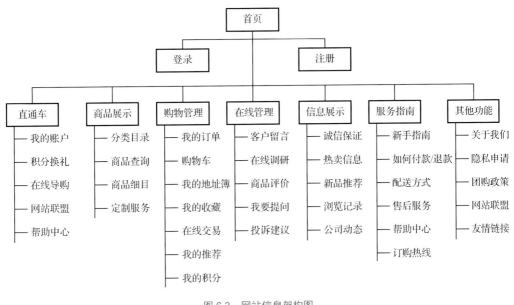

图 6.3　网站信息架构图

（2）网站管理后台架构设计

网站管理后台架构包括商品信息管理、订单管理、库存管理、数据统计、会员管理、系统管理、企业信息管理、电子银行管理、留言管理和售后管理等功能模块，每个功能模块下设有相应的子功能，如图6.4所示为网站管理后台架构图，如图6.5所示为草图构思。

原型图是厘清交互逻辑的重要表达形式。按照与最终效果的接近程度可分为低保真原型和高保真原型。低保真原型通常使用 Axure 软件绘制，可以验证页面布局是否合理，按钮的位置是否顺手，还可以给对互联网产品比较熟悉但没有用过该产品的人进行可用性测试。高保真原型在低保真原型的基础上增加了视觉设计，即填充了完整的色彩、图片、文字内容，也被称为视觉稿。高保真原型可以具有点击、跳转等交互形式，是产品最终将呈现出来的形态，可以用于针对目标人群的可用性测试，也可以用于验证产品的功能是否满足了目标用户的需求。如图 6.6 所示为网站系统首页、产品详情、我的账户和登录页面的低保真原型。

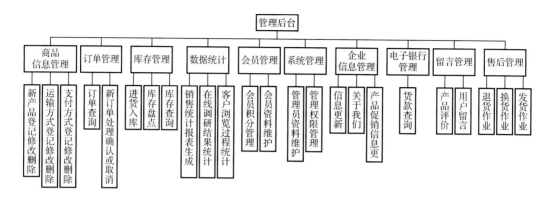

图 6.4　网站管理后台架构图

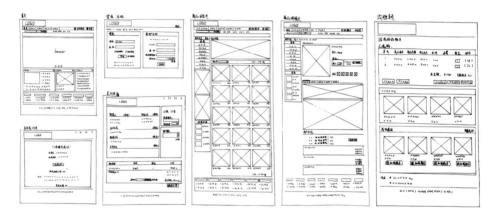

图 6.5　草图构思

首页

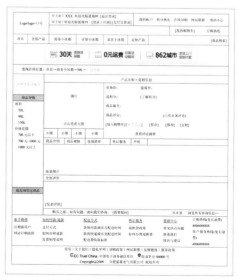

产品详情

图 6.6　低保真原型

我的账户　　　　　　　　　　　　　　　　　　登录页面

图6.6　低保真原型（续）

5. 交互方式设计

（1）跳转流程

页面的跳转流程需要从场景入手来多角度考虑。如注册流程，用户在登录时注册，或在结算时注册，页面跳转的顺序不同。全面考虑了各种情况后，才能保证交互顺畅，如表6.3所示为登录和注册的跳转。

表6.3　登录和注册跳转

功　能	操作 / 步骤 / 流程	链接页面	页面导航
登录	填写用户邮箱→密码→验证码→登录→返回当前页，支持"支付宝"直接登录	登录页面 支付宝登录页面	常规导航，体现网站优势，售后保障显示注册内容信息
注册	情况一：选择注册按钮进行注册，填写注册信息→成功注册；情况二：结算时注册。结算→填写注册信息→收货信息→送货方式→支付方式→成功提交订单	注册页面	轻松获取免费邮箱

（2）入口和页面进入方式

可交互的入口，可以是按钮、文字链接、图片等。设计要明确入口的样式、要链接的页面和进入页面的方式。以按钮为例，一个按钮在未触发时、鼠标悬停时、鼠标单击瞬间和单击过后，呈现不同的样式，如表6.4所示为入口和页面进入方式的示例。

6. 视觉设计

基于企业精神、产品特性与网络电商平台定位，接下来还要进行网站logo和视觉设计。如图6.7所示为网站统一视觉识别设计，包括网站徽标（logo）设计、安全空间设计、网站标准色设计、网站辅助色设计及网站辅助图形设计等。

表 6.4　入口和页面进入方式示例

当前页面	入口	链 接 页 面	页面进入方式
首页	logo 图标	首页	当前页面刷新
	退出登录	首页	当前页面刷新
	登录	登录页面	当前页面刷新
	支付宝登录	支付宝登录页面	新窗口打开
	注册	注册页面	当前页面刷新
	我的购物车	购物车中有商品，购物车页面	新窗口打开
		购物车中没有商品，弹出提示信息，返回当前页面	当前页面刷新
	我的账户	我的账户页面	新窗口打开
	积分换礼	我的账户→积分管理页面	新窗口打开
	在线导购	弹出在线导购窗口（默认为自助答疑窗口）	新窗口打开

logo设计与安全空间

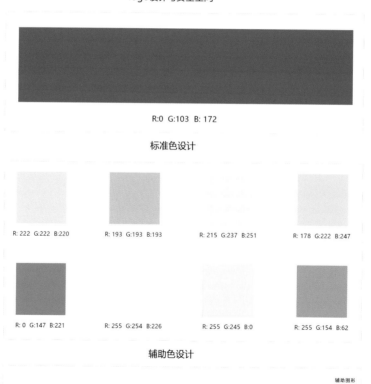

R:0　G:103　B: 172

标准色设计

R: 222　G:222　B:220　　　　R: 193　G:193　B:193　　　　R: 215　G:237　B:251　　　　R: 178　G:222　B:247

R: 0　G:147　B:221　　　　R: 255　G:254　B:226　　　　R: 255　G:245　B:0　　　　R: 255　G:154　B:62

辅助色设计

辅助图形

辅助图形设计

图 6.7　网站统一视觉识别设计

在页面视觉设计时应保持风格一致，页面视觉设计风格与企业整体形象一致，应符合企业形象识别规范。网页色彩、图片的应用及版式设计应保持网页的整体一致性，图片和图标应重点突出，层次分明，如图 6.8 所示为网站首页设计，图 6.9 所示为网站内页设计。

图 6.8　网站首页设计

7. 程序实现

在完成页面设计效果图后，要进行页面的切图以及生成 HTML 页面，网站代码编写需要编程技术人员的参与实现。前端页面和后台程序需要整合为一体，并保证前端显示和后端功能运行流畅。设计人员和编程人员需要协作，确保页面的弹窗、单击等交互逻辑没有遗漏，确保最终的视觉样式与效果图一致。

图 6.9　网站内页设计

8.测试上线

　　网站发布前要进行细致周密的测试，以保证正常浏览和使用。主要测试的内容有文字、图片是否正确显示；链接是否正确；所有功能键测试；程序及数据库测试；前后台操作流程测试等。网站发布与推广阶段，可在一些公众平台如微信、微博公众号上做宣传，还可以通过搜索引擎或门户网站等平台发布推广。

6.2　移动端交互系统设计

　　移动端交互系统设计，主要指智能手机端的 App 设计。在移动端交互系统设计的过程中，需要充分考虑移动端的特性，如便捷性、交互方式多样性、网络复杂性、使用场景的不固定性等。基于这些特性，本节将进行概念体重计 App 产品设计。

1. 需求分析

"爱美之心人皆有之"，拥有完美的身材是很多女性用户的心理诉求。所以，产品的首要目的是帮助用户高效地减肥并控制体重。在设计的过程中，首先针对目标用户进行需求分析。通过调查问卷和竞品分析的方式获得需求来源。调查问卷中包含了体重计使用情况、减肥需求、减肥方法、软件使用等核心问题。问卷被随机分发给 200 位女性大学生，再针对回收的有效问卷进行分析，调查结果如图 6.10 所示，近 80% 的调查对象曾经使用过体重计，使用频率参差不齐，每天称体重的占 25% 左右；一半以上的调查对象有过减肥动机；55% 表示正在减肥中，并且她们更倾向于运动减肥，其中缺乏毅力是女生减肥所面临的最大困难。"瘦瘦""薄荷""超级减肥王""iOS 体重计" App 是调查对象使用较多的几款减肥软件，80% 的调查对象希望随时知道自己的体重，饮食和运动是影响瘦身的两个关键因素。

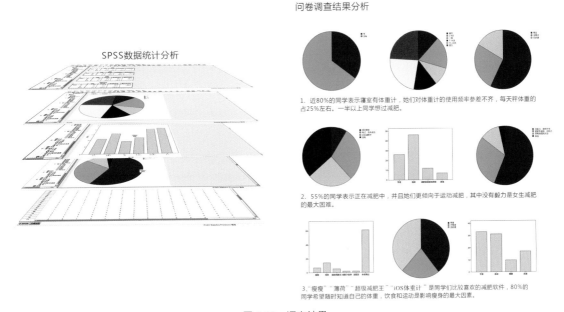

图 6.10　调查结果

针对市场上同类型的产品，做了竞品分析，分为体重计和减肥 App 应用两个方面，如图 6.11 所示。在体重秤（体重计）方面，主要分析了普通电子秤、智能电子秤、超能电子秤三个类别。在减肥 App 方面，主要分析了"瘦瘦""薄荷""超级减肥王"和"iOS 体重计"四款 App 应用。根据分析结果可以看出目前相关产品功能强大，主要有详细的体重记录，可以记录每一次使用的时间、数值，并且具有智能分辨不同用户的功能；可云端分享数据并根据情况提醒用户；有社交动态的分享与互动商店的推广和销售；有详细的饮食方案制订，专业的菜谱社区；提供专属的减肥方案，普及健康知识。同时，也具有学习成本高、操作复杂等缺点。

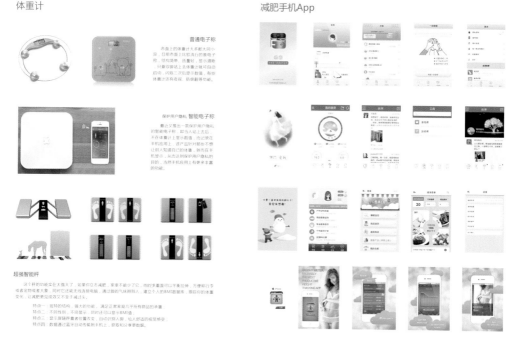

图 6.11　竞品分析

2. 用户研究

明确需求之后，下一步需要具体定位目标用户并归纳用户特性，建立用户档案。基于概念体重计的特性和方案的整体决策，首先定义目标用户群为 18～35 岁的女性群体；其次针对18～35 岁女性性格特征进行了分析，刻画出九种更为细致的性格类型，如图 6.12 所示，分析出 "学""宅""逆""爱""玩""新""胆""熟""梦" 九种性格类型的年轻女性，它们分别对应：学习能力强、喜欢宅在室内、普遍有逆反心理、热爱生活、吃喝玩乐样样通、喜欢新奇的事物、有胆量、爱冒险、思想成熟、拥有运动的意识。

图 6.12　用户角色分析

将这些共性抽象综合成为一组对概念体重计产品用户的描述，塑造一个具有探索性、新奇感、激励性、分享型的年轻女性的人物画像，并将其生活方式作为研究的载体，以辅助产品的决策和设计。以在校女大学生这一群体为例，分析工作日与周末的生活状态，如图6.13所示。在工作日期间，通常6点起床，12点于学校食堂午餐，剩余时间主要用来上课、自习、图书馆讨论学习，21点后，拥有放松娱乐的个人时间。总体生活十分规律，对体重的影响较为稳定。在周末，通常8点起床，12点于饭店、餐馆等场所解决午餐，剩余时间主要用来在宿舍娱乐休息、野外郊游、朋友聚会等，直至午夜休息。总体生活状态不是很规律，对体重的影响波动较大。

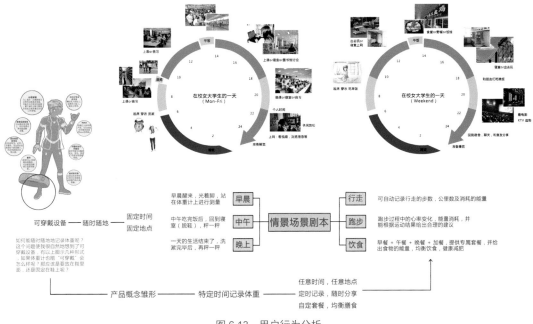

图 6.13　用户行为分析

下面基于用户的生活状态对用户的使用场景进行分析。用户对产品的可能使用时间总结为：早晨光脚在体重计上称重，中午午饭过后脱下鞋子称重，晚上休息前、洗漱完毕后再次称重。对产品的使用场景也划分为三类：行走（可自动记录行走的步数、公里数及消耗的能量），跑步（跑步过程中的心率变化、能量消耗，根据运动结果给出合理的建议），饮食（早餐、午餐、晚餐、加餐、专属套餐，并给出食物的热量，建议均衡饮食，健康减肥）。由此可见，用户需要的可能是一个能在特定时间内记录体重的产品，它可以在任意时间、任意地点记录，能随时分享自定套餐，均衡饮食，并可以考虑采用可穿戴的形式来配合展现产品的多场景适应性。以用户目标为导向，通过用户角色可以更好地确定用户的目标。

3. 概念设计

在调研报告和功能清单输出后，需要规划产品的概念设计，一方面承接前期对于功能的构思方案，另一方面为产品的功能设计、视觉设计奠定基础和方向。对于概念体重计的产品设计，首先构思其概念模型，该设计通过对"概念体重计"的功能设计，实现控制体重和减少体脂的目的，最终引导用户走向健康生活。对于用户来说，需要以一个概念化的流程来使其易于接受，做到产品的概念模型与用户的心理模型相互契合。用户通过产品功能，如体重记录、运动检测、社交分享、饮食规划等，将设计模型转化为用户模型来实现心理预期。根据用户心理模型，给下一步的设计提供大致方向。在概念模型基础上将概念模型与用户模型比对，如表 6.5 所示，可看出用户模型与概念模型较为一致，可以使用户理解 App 所设计的功能。

表 6.5　概念模型与用户模型的对比

功能名称	概念模型	用户模型
体重仪表盘	实时记录动态更新、BMI 健康指数体重曲线分析，更科学、更直观地反映身体状况	功能科学而直观的体重记录功能，可更深入地反映身体状况
平衡饮食	提供饮食指导、自定义套餐，可依据爱好选择饮食计划，积极健康减肥	个性化定制的饮食参考功能，并在迷茫的时候给予膳食指导
体重变化分析	自动横屏智能调节，可以任意缩放图表时间跨度，分析周、月、季、年的体重变化趋势	详细的数据分析功能，拥有多样化的交互形式
社交分享	拥有完整的社交生态，用户可以拥有自己的昵称、头像、粉丝、团体，并可以邀请好友，创建社团，发表动态	社交功能丰富，互动形式多样，可以随时随地输出与接收信息，便于相互监督与学习

4. 信息架构设计

明确概念设计之后，设计师需要搭建完整的信息架构来梳理概念体重计 App 的信息系统。信息架构设计通常需要解决两方面的问题，一是怎样使 App 的功能更易理解与浏览，二是如何确保扩展性，使其在未来能够承载更为复杂的信息与功能。对于产品设计而言，具有良好的易读性和扩展性的信息架构意味着可以给用户呈现合理且具有意义的信息。对于此款产品，在搭建信息架构时需要明确几点问题：用户浏览此 App 的过程，如何帮助用户进行信息分类？信息是如何呈现给用户的？信息有没有帮助用户并驱使用户做出决定？

针对上述问题，设计师依据用户需求，结合产品的功能列出信息架构图，如图 6.14 所示。信息架构图具有五个功能版块，分别为首页、饮食、运动、朋友圈和设置。在用户进入 App 的时候，默认显示首页，其包含当前体重、BMI 值显示、体重变化曲线三大功能，体重变化曲线再细分为体重与脂肪率两个指标，该版块内容主要以图表的形式呈现；饮食版块包含了四个类型的自定义套餐：早餐、午餐、晚餐和加餐，并有补水提醒和水果推荐功能，主要以文字和图片的形式展现；运动版块包括了记步和运动计划两大功能，其中记步功能中又包括步数、距离、消耗热量和变化曲线四个功能；朋友圈版块包括定义用户、朋友圈动态和设置三大功能，定义用户可以划分为设置头像和昵称、邀请好友两个模块，设置可以分为首页、好友与粉丝、找朋友、消息、查找和创建团、我的团、设置背景图七个子界面；设置版块包括隐私密码、提醒设置、清除缓存、用户反馈、检查更新、关于、功能消息免打扰和账号绑定八个功能。

考虑到信息架构的延展性，在 App 冷启动状态下添加了四张欢迎界面，分别为健康记录、智能分析和时刻掌握自己；健康减肥应用，一路相随，为您加油；找到自己感兴趣的圈子；拒绝不健康的减肥方式，开启健康减肥之旅。欢迎界面的设置可以方便用户快速地了解产品。同时，在某些功能上进行了细致的延伸，如邀请好友功能可以通过新浪微博、微信好友、QQ 好友三个途径去邀请；设置了便于游客登录的方式，免除因强制用户注册登录带来的用户流失。信息架构的搭建确定了产品的基本框架，下一步将围绕信息架构展开设计。

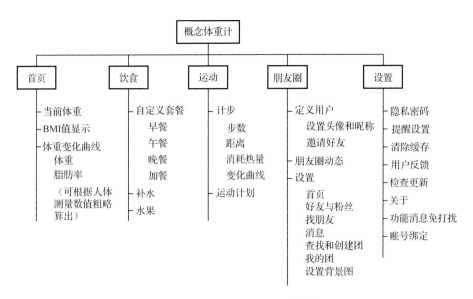

图 6.14　概念体重计 App 信息架构

5. 原型设计

草图构思和原型设计，目的是让设计概念视觉化。设计师在此步骤需要将概念设计里的功能模块、信息、人机交互的形式，利用线框描述和可视化，将产品视觉状态进行具象表达。在产品信息架构设计中，根据功能模块将系统分为一级界面（首页）、五个二级界面和若干个子界面，在原型设计中，需要根据产品功能和信息呈现的逻辑关系来绘制原型草图。采用纸原型的方式来绘制原型，比使用软件原型绘制更加注重对情境的探索和分享。

首先绘制一级界面（首页）和五个二级界面的纸原型。再绘制子界面、启动项及其他界面。

在界面设计完成后，设计师将所有界面，集合起来，用箭头标注每个界面的跳转关系，并附加说明，展现 App 的数据逻辑与操作逻辑，如图 6.15 所示为设计完成的原型图。为增强可视化效果，对原型进行了简单的上色区分，此时的颜色并不是后期界面完成后的颜色，只是用于区分功能模块与展现界面层级关系。纸原型绘制完成后，概念体重计 App 的交互样式已经基本确定。

6. 交互方式设计

概念体重计 App 的设计涉及用户与手机、用户与体重计及体重计与手机之间交互的方式，当设计师完成了基础的交互原型之后，还需要构思如何给一幅幅独立界面添加交互方式，使用户在与产品交流时能够产生良好的体验。需要考虑到用户所有的操作习惯，并根据用户习惯选择适合展现 App 内容的交互方式。本款 App 的设计主要采用了触摸交互的方式，尽量通过手势的操作完成，如图 6.16 所示，采用点击、长按、滑动、多点触控、旋转等常用交互方式。

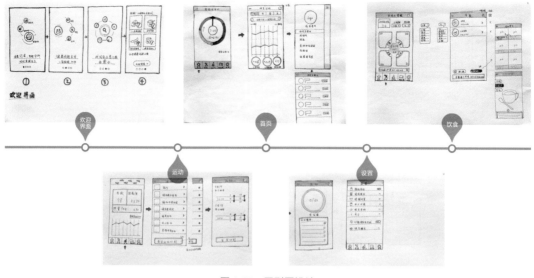

图 6.15　原型图设计

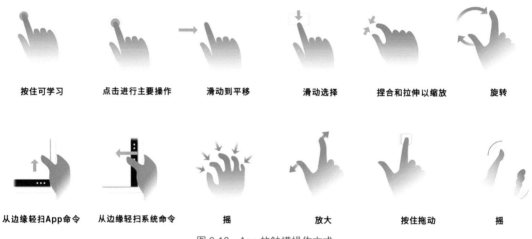

| 按住可学习 | 点击进行主要操作 | 滑动到平移 | 滑动选择 | 捏合和拉伸以缩放 | 旋转 |

| 从边缘轻扫App命令 | 从边缘轻扫系统命令 | 摇 | 放大 | 按住拖动 | 摇 |

图 6.16　App 的触摸操作方式

　　在同级别的界面设计中，尽量使用左右滑动的方式来切换。如图 6.17 所示，在早餐推荐的界面里，内容主要以图片加说明文字的形式呈现。考虑到用户对该功能的依赖度，为了提供更多的选择，设置了四个推荐的子界面。如果选择竖屏滑动的形式，则用户浏览到后面的内容需要往下滑动很久，增加了时间成本，导致后面界面的内容无法受到关注。而采用横屏滑动切换的方式，用户从第一幅图查看到最后一幅图只需要三步向左滑动的操作，通过优化交互形式，节约了时间。App 中的其他界面也进行了相应的交互形式设计，如图 6.18 所示，在体重记录图表的界面里，为了展示更为清晰的图表信息，设置了横屏切换的方式，可将手机屏幕横屏翻转，其界面内容自适应地变换成横屏显示，并可通过触摸的方式缩放图表的时间跨度，分析不同时间单位里的体重变化趋势。良好的交互方式的设计，可以极大地改善用户体验。

图 6.17　早餐推荐页的交互方式　　　　　图 6.18　图表的横屏交互形式

7. 视觉设计

在产品整体框架和交互方式已清晰确定后，应对原型进行视觉设计。首先需要确定界面的尺寸，如图 6.19 所示，包括界面的长度、宽度、状态栏高度、导航栏高度、标签栏高度、工具栏高度，以及图标的高度与宽度，具体数值如图 6.19 所示。图标取名为"小印"，意指体重计的称量方式和记录体重变化印记，图标由体重计图像抽象而成，配上脚丫的卡通形象，主色调采用粉红色，整体为活泼可爱的设计风格，符合目标用户年轻女性的审美喜好。

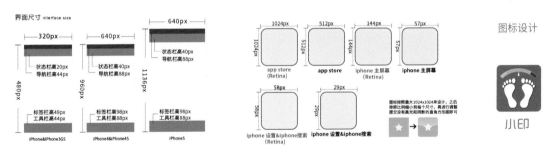

图 6.19　界面尺寸与图标设计

App 欢迎界面设计如图 6.20 所示，由四张界面组成。前三张界面形式统一，由数个能表现设计主旨的图标和一段说明文字组成，最后一张放置四个意向图和醒目的"开始体验"按钮。主色调采用粉红色，文字颜色为醒目的白色。首页界面设计如图 6.21 所示，在界面的左上角放置了设置按钮，通过设置按钮可以切换至夜间模式、同步数据，且可以更改图标主题色。更改图标主题色界面里提供 9 款备选颜色，并标记出当前使用的主题颜色，满足了用户对颜色的个性化需求。首页中间为圆形的仪表盘，标注了时间、体重与 BMI 值，并附有体重分析的按钮；体重分析界面中，默认显示一周以内的体重和脂肪率的折线统计图，并有与上周体重、上周脂肪率的百分比对比和体重天数的记录，使数据达到最大的可视化，清晰直观，一目了然。

图 6.20　欢迎界面设计

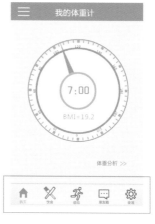

图 6.21　首页界面设计

饮食界面设计如图 6.22 所示，顶部放置了自定义套餐的文字提示与搜索框，界面中分为分类模块与选择模块，根据饮食的种类可以分为早餐、午餐、晚餐和加餐四个样式。选择模块里面可以选择口味与附加条件。在选择模块的底部，有提示当前目标摄入卡路里的数值。早餐页面可随机更换也可自行选择，选择后，单击界面下方的添加和换一换按钮可以进行调整，并在底部显示本餐摄入的热量与目标热量对比。早餐界面推荐也可以左右滑动进行选择，选择好食物后进入食物界面，介绍食材烹饪方法，右上角有添加和返回按钮。

图 6.22　饮食界面设计

运动界面分为步数、距离、消耗热量和变化曲线四大块内容，如图 6.23 所示，其中步数、距离、消耗热量均以数字的形式表示，且数据为实时更新。下方的"消耗热量"详细记录了一段时间内消耗热量的变化和目标值，点击"查看其他运动"会有其他运动界面的选择，以列表的形式列出了十种健身运动，如走路、跑步、健身操和舞蹈等，"了解详情"中的列表处于可编辑的状态，支持增加和删除。

图 6.23　运动界面设计

社交界面设计如图 6.24 所示，导航栏为抽屉式，包括七个子界面，每一个子界面的风格设计相类似。例如，在好友动态界面，以图片为主文字为辅的方式进行朋友圈的互动交流，整个界面设计简约、清新，亲和力强。

图 6.24　社交界面设计

8. 程序实现

此款 App 开发包括前端界面设计和后台程序开发，前端界面设计和后台程序开发应根据概念体重计的功能架构和原型进行，界面设计师与程序开发工程师需要将前端界面与后台程序整合并调试。

9. 测试上线

概念体重计 App 在开发完成直到上线之前需要经过反复测试，业务流程、交互跳转、文案、按钮、状态等都需要确认无误后才能发布。App 功能开发完成之后，测试人员会对整个 App 后台管理系统进行测试。这个环节需要很多人参与。开发人员会根据测试人员测试出来的问题进行调试修复，并采用相关软件进行漏洞（Bug）追踪，如果出现 Bug，则需要返回相应的环节进行修改。经过多轮内部测试和用户体验测试，确认功能与需求无误后，将产品上线、发布和推广应用。

6.3 智能产品交互系统设计

智能产品交互系统设计，是基于智能技术制造的硬件产品及相应的软件程序的设计，涉及交互设计、视觉设计和工业设计三个方面。在智能产品交互系统设计的过程中，不仅需要充分考虑移动端的特性，还要考虑硬件的特性、尺寸、外形和功能等因素。同时，移动端 App 交互系统和硬件端交互系统如何合理配合、平稳衔接，也是设计的重点内容。下面以"儿童高度近视预防护理系统"为例，来讲解智能产品交互系统的开发过程。

1. 需求分析

我国近视问题不容忽视，尤其在儿童及青少年当中，患病率极高。全国学生体质健康调研表明，我国小学生近视眼发病率为 45.71%，中学生为 74.36%，高中生为 83.28%。儿童高度近视防治越来越为学生、家长及社会所关注，因此，产品的首要目的是帮助用户有效地预防近视并保护眼睛。在设计过程中，首先针对目标用户进行需求分析，设计师通过市场调研和竞品分析的方式获得需求。如图 6.25 所示为 Android 手机用户 App 下载类别结构分布，以及手机中是否安装健康类 App 的调查结果。通过调查发现大多数用户手机中并没有安装健康类 App，只有 34.8% 的用户安装了健康类 App，将健康类 App 进一步细分，可以更好地了解用户需求，在用户安装的健康类 App 中包括运动瘦身（占 7.2%）、饮食调理（占 5.7%）、用药医疗（占 10.7%）和女性健康（占 9.1%）。

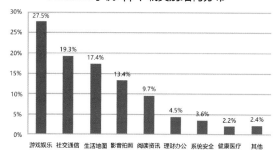
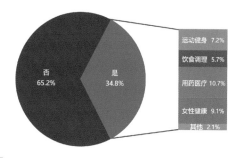

图 6.25　调研结果

而在各个年龄段中，健康类 App 所占比例如图 6.26 所示，其中 25 岁以下的用户，健康类

App 安装比例仅占 5.6%，26 ～ 35 岁的用户健康类 App 安装比例为 8.7%，36 ～ 45 岁的用户健康类 App 安装比例最高，比例为 13.4%，45 岁以上用户安装健康类 App 的比例为 12.6%。

另外，针对市场上同类型产品做了相关的竞品分析，分别为护眼硬件产品和 App 软件产品。如图 6.27 所示为护眼硬件产品眼保仪和视力检测仪。对于护眼 App 软件产品，主要分析了"眼蜜"和"爱眼百科"两款产品。

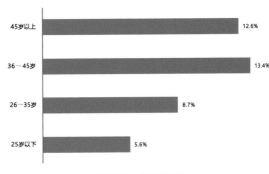

各年龄段安装健康类 App 的比例

45岁以上	12.6%
36～45岁	13.4%
26～35岁	8.7%
25岁以下	5.6%

图 6.26　调查结果

图 6.27　护眼硬件产品

根据调查结果，目前相关产品已具有一定的功能，并有详细的眼部健康分析数据，可随时关注儿童的眼部健康趋势。硬件产品主要功能有：护眼方案，可以帮助儿童进行眼睛保健、眨眼训练等六项基本的眼部测试，帮助了解儿童视力情况；时间限制，限制儿童的每日上网时间，减少与辐射屏幕的接触，从源头上保护视力；私人定制，可根据儿童的个人情况定制详细的保健和控制方案；专家答复，可以在线与专家进行咨询和问答，方便儿童眼睛的防护与治疗。移动端 App 的功能主要有，能够测试出用户是近视、远视还是散光，并给予保护建议；通过一些内置的类似眼部按摩和趣味游戏教育和引导儿童养成良好的用眼习惯。

以调查问卷与竞品分析的结果作为参考，结合真实性、价值性、持续性和可行性的原则，筛选出设计的最终需求。视力状况的监测分析，包括现状的概况、历史趋势和实时建议；网上专家检测预约，可以进行专家咨询或眼科预约等，方便快捷；预防近视的益智游戏，可进行亲子游戏或者单人观看教育科普动画视频，增强趣味性，帮助儿童从自身角度认识到眼睛的重要性并了解保护措施；互动社区的建立，可以进行社区交流和同城互动，可以随时与别人交流状况。移动端也具有视力监测、眼部按摩和眼部游戏等功能。最后，设计师将确定的需求进行重要度排序，根据产品的战略定位、用户价值和技术实现三个方面综合考虑，其中视力状况的监测分析功能为核心需求，在硬件和软件 App 上均需要有体现，应首先完成；其次，网上专家检测预约作为期望需求，满足用户对这个产品主要功能的期待；最后，游戏与互动社区功能作为兴奋需求，成为该产品的特色，给用户带来新颖感。

2. 用户研究

明确需求之后，需要进行用户研究，建立用户档案。根据"儿童高度近视预防护理系统"的定义，首先确定目标用户群为儿童及他们的家长。根据对目标群体的现状调研分析，其主要存在的问题有：近视年龄越来越低，幼儿园近视率不高，但弱视率在幼儿园有上升趋势；近视率随年级升高而上升；假性近视转向真性近视时间越来越短；假性近视阶段不被家长重视，因未能及时治疗，以致无法及时纠正假性近视。基于诸多问题，进行了问卷调查，分析调查问卷可得知，约60%的被调查者在12岁之前已经近视，这说明他们小时候没有形成良好的用眼习惯；大部分近视是由于不良的用眼习惯造成的，其中引起近视的原因中，打游戏或看电视占42.7%，看书太近占23.8%；拥有的不良习惯中，经常揉眼睛，不爱吃蔬菜，不做眼睛保健操，躺着看书，在强光下看书，均有分布且比例相当。调研结果说明在儿童早期成长过程中的护眼教育是非常有必要的。

将这些共性抽象成一个高度近视儿童的描述，塑造一个10岁，拥有400度近视的人物画像，并将其用眼方式作为典型案例，以辅助产品的决策和设计。图6.28所示为虚拟的用户角色"小雷"。小雷今年10岁，正在上小学三年级，是家中的独生子，平时和邻居、同学进行社交活动，近视度数400度，日常生活除了上学、做作业和运动外，还有打游戏。有很多不良用眼习惯，如看书写作业姿势不正确；喜欢在光线不足的情况下看书；睡觉太晚，不能够保证足够的睡眠；饮食上偏嗜甜食；写作业拖拉和磨蹭。家长也对其用眼健康关注度不够，没有给予足够的营养补充，在出现假性近视阶段不重视、不治疗，盲目配眼镜。

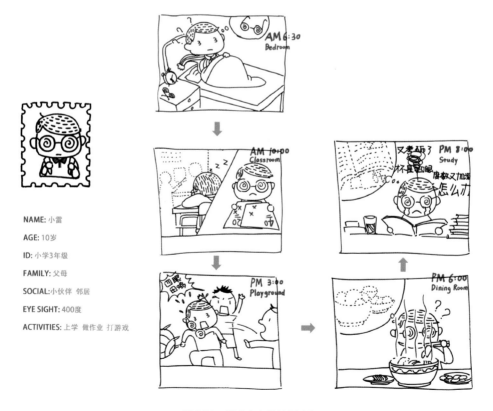

NAME: 小雷

AGE: 10岁

ID: 小学3年级

FAMILY: 父母

SOCIAL: 小伙伴 邻居

EYE SIGHT: 400度

ACTIVITIES: 上学 做作业 打游戏

图 6.28　用户角色的情景分析

基于角色的生活状态对用户角色的情景进行分析，展示小雷一天的生活。小雷每天早上 6 点半起床，费力地寻找眼镜，然后开始一天忙碌的生活。上午 10 点钟，由于睡眠不足，导致上课打瞌睡，坐姿不端正，考试的分数也不理想，从而造成恶性循环，眼镜度数增加，学习成绩下降，又遭到同学们的嘲笑。由此可见，用户需要的是可以随时检测和分析儿童视力的功能，并根据情况选择保护措施或者就医咨询。另外，也需要硬件端的配合来实现对眼部的测量、防护和按摩。通过用户角色的塑造可以更加清晰地定位目标用户，归纳用户任务，带来更加准确和科学的决策。

3. 概念设计

在调研报告和功能清单输出后，需要规划产品的概念设计。对于"儿童高度近视预防护理系统"的产品设计，需要构想其整个系统的概念模型，该设计通过对儿童眼睛保护仪器和 App 的功能设计，从而实现检测视力和保护视力的目的，最终引导儿童形成自我保护的习惯与意识。对于用户，包括儿童及其家长，为了做到产品的概念模型与用户的心理模型相互契合，需要以一个概念化的流程来解释说明。设计通过眼睛保护仪器和 App 的共同作用满足用户的预期，即最终的目的是实现健康的生活，在此过程中用户可以通过一系列的功能实现，如视力监测、专家咨询、社交分享和游戏教育等。根据模型，设计师可以给下一步的设计提供方向。

在概念模型的设计上，设计师采用了树状图展示方法，从个人与系统两个方面，展现宏观方面的概念模型。如图 6.29 所示，通过个人层面的心理、生理和系统层面的法律法规、网络、政府和社会投资，共同构建一个健康的儿童近视防护系统。基于宏观的系统概念，该产品的设计不仅需要专注于用户生理与心理上的健康，也需要设置与宏观的社会系统相关联的功能，才能做到概念模型与用户模型的统一。表 6.6 所示为儿童高度近视预防护理系统的概念模型与用户模型的对比，由表中可看出用户模型与概念模型较为一致，用户接受的心理差异化较小，设计师可根据概念模型将功能分配给硬件与 App，对产品进行具体设计。

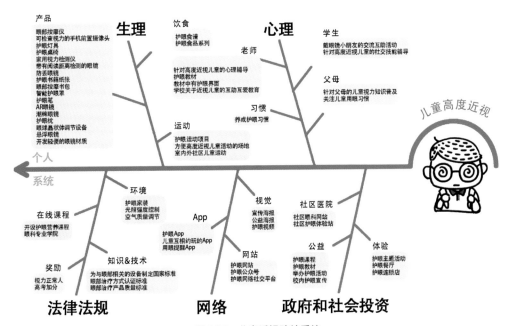

图 6.29　儿童近视防护系统

表 6.6　概念模型与用户模型的对比

功能名称	概念模型	用户模型
视力监测	通过分析和展示相关数据信息，提出合理建议	科学的视力监测功能与提示功能
专家咨询	提供多种咨询方式，推荐所在区域附近的门诊场所	提供具有可信度的专家医疗建议
社区分享	定时发布眼部小知识，交流与学习	专业知识推送，迷茫时向社区求助
游戏教学	普及眼部知识，养成良好习惯	轻松愉悦，让孩子容易接受的功能

4. 信息架构

明确概念设计之后，下一步是搭建完整的信息架构来梳理"儿童高度近视预防护理系统"的信息系统。与 Web 端和 App 端的信息架构设计类似，此处的信息架构设计也需解决两方面的问题，一是如何使得整个系统的可用性更高，二是怎样确保扩展性，为以后能够承载更为复杂的信息与功能留下入口。对于设计系统而言，具有良好的可用性和扩展性的信息架构可以帮助用户清晰地了解产品并快速地熟悉使用方法。在搭建信息架构时需要明确几点问题：用户使用该系统的过程如何？该系统如何帮助用户分类其中的信息？系统信息是以怎样的方式呈现给用户的？这些信息对于用户的价值如何体现？

针对上述问题，设计师依据用户的需求，并结合硬件与软件各自的功能特性列出系统信息架构图，如图 6.30 所示。根据用户的需求，系统的 App 应该分为儿童端和家长端。在儿童端App 的设计中，主要包括以下版块内容：预防近视益智游戏版块，其中可以分为单人游戏和亲子游戏，以增强与家长之间的互动；教育视频、科普动画版块，轻松愉悦地使儿童接受科普教育；小贴士，日常更新，让儿童了解眼睛的小知识；每周线上课堂，大量的课堂信息，内容丰富详细；真心话，根据儿童发育过程中心理特点设计，通过真心话特色功能做一个父母与儿童之间交流的桥梁。家长端包括目前视力状况，展示目前儿童视力状况的一些数据信息，可分为现状概况、历史趋势和实施建议；网上商城，可以通过积分兑换和现金购买相关护眼食品、产品和周边商品；检测预约，分为专家咨询和眼科预约两种方式；互动社区，可进行社区交流和同城互助；设置，包括普通设置、硬件设置、屏幕色温/亮度调节和锁屏等功能。

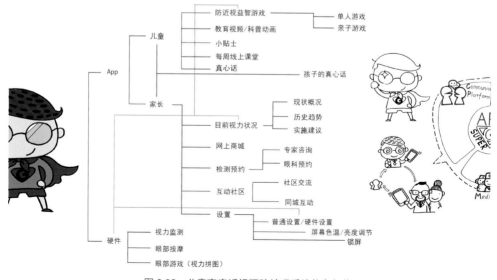

图 6.30　儿童高度近视预防护理系统信息架构

在硬件端的设计中，除了考虑硬件基础功能，还要考虑其保健等辅助功能，如可以通过内置的按摩球针对眼部的穴位进行按摩，根据光学元件监测视力情况等。硬件端主要包括三个功能，视力监测，通过隐藏在内部的传感器实时获取儿童的眼球数据，如视力度数、疲劳状况和发育情况等，并将数据及时地无线传输到手机端，进行数据分析；眼部按摩，在海绵垫后面配备的多个按摩球能够对相关眼部穴位进行按摩；眼部游戏，采用 VR 虚拟显示技术，运用全新的手段，让儿童产生一种沉浸式的交互体验。同时，也需要标明硬件与软件之间的设置，如图 6.30 中黄色线条所示。

5. 原型设计

草图构思和原型设计，目的是让设计概念视觉化。设计师需要将概念设计中的功能、逻辑、人机交互形式、产品硬件设计，利用线框原型和手绘草图的方式可视化，将整个系统的视觉效果形象表达出来。图 6.31 所示为产品硬件的手绘草图设计稿。硬件外形灵感来源于奥特曼，奥特曼是儿童很喜欢的动漫形象之一，代表一种正义威武的精神，提取奥特曼的外形元素，将其融入硬件外形之中。产品的外形设计以流线型表现，使用大量曲面以保证外形的安全性。硬件部分由工程塑料制作，佩带部分由亲肤材质作为外衬，通过按键连接，做到可以拆卸的模块化设计。

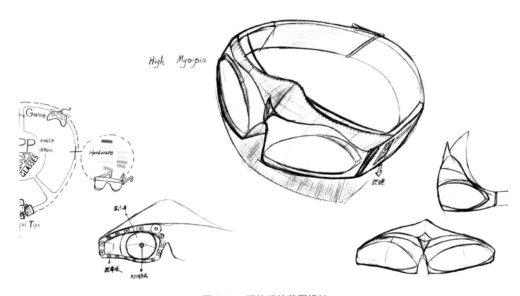

图 6.31　硬件手绘草图设计

在"儿童高度近视预防护理系统"的系统设计中，包括产品的硬件设计和软件信息架构设计。软件信息架构系统根据功能分为儿童端和家长端。如图 6.32 所示为儿童端纸原型的设计方案。

如图 6.33 所示为家长端纸原型，界面主要分为三个部分，顶部为菜单栏，中间有数学分析图表和统计图，统计图表下方部分可展示健康数据，底部有四个图标。各层级界面设计完成后，设计师需将所有界面的使用场景加上文字说明与关系说明，展现 App 的数据逻辑与操作逻辑。

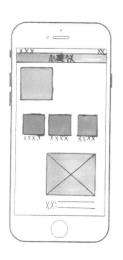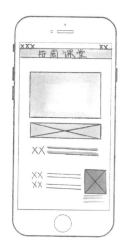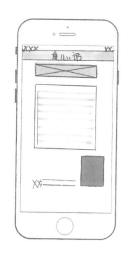

图 6.32　儿童端的纸原型设计

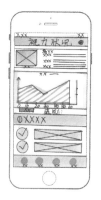

图 6.33　家长端的纸原型

6. 交互方式

"儿童高度近视预防护理系统"的设计牵涉用户与移动端，用户与硬件，以及硬件与移动端之间交互的方式，其中用户分为儿童和家长两种。在硬件的设计中，如图 6.34 和图 6.35 所示，运用了 VR 技术和监测技术。比如，定时瞄点方式，为 VR 里最简单的交互形式，当用户戴上硬件设备时，在眼睛的正前方会出现一个瞄点，也称注视点，它会跟随用户头部同步移动。当瞄点停留在某个可点击区域时，会出现倒计时提示，2 ~ 3 秒钟过后，则激发点击操作。眼球追踪的交互方式也是硬件的重要交互方式，它对于人眼位置的检测，能够为当前所处视角提供最佳的 3D 效果，使 VR 呈现出的图像更自然，延迟更短，极大地增强了设备的可用性。同时，由于眼球追踪技术可以获知人眼的真实注视点，从而得到虚拟物体上视点位置的景深，从而在一定程度上缓解了虚拟现实设备容易眩晕的问题。此交互方式在游戏功能和监测功能上都可以得到良好的运用。此外，在整个系统中，硬件与移动端还需要通过蓝牙互联，将硬件上的结果可视化地呈现在 App 上。对于较传统的 Web 端与移动端，智能系统的交互方式将会有更多种可能。

图 6.34　硬件的按摩方式

图 6.35　硬件的监测方式

设计师除完成 App 端的设计以外，还需要考虑硬件与其的配合，使用户在两者一起使用时能够产生良好的体验。本款 App 的设计主要采用了多点触控交互技术，尽量通过手势完成 App 端的一切操作，如点击、长按、滑动、多点触控和旋转等。在 App 中，由于界面较多，同级别的界面尽量使用左右滑动的方式来切换。同时儿童端的一些界面的细节部分也会采取较为有趣的方式表现，如以动态气泡形式展现，每当儿童点开一个气泡，就可阅读一些相关知识点，并在下方有相关图文介绍。通过这样有趣的交互方式可以有效地吸引儿童的注意力。

7. 视觉设计

在产品外观设计上，整体造型呈流线型，动感时尚，如图 6.36 所示。在用户体验设计方面，产品尺寸设定适宜，质量较小；产品结构包括了显示屏、开关按钮、透镜、按摩球、海绵眼垫和头带等部分；功能设计上配有相关传感器、加速器、陀螺仪感应器、视力监测仪、距离感应器等，与皮肤接触的部分采用柔软的海绵垫以保证佩戴的舒适性，同时在海绵垫后面配备的多个按摩球能够对相关眼部穴位进行按摩，达到舒缓疲劳的目的，如图 6.37 所示为硬件爆炸图和三视图。

图 6.36　硬件设计

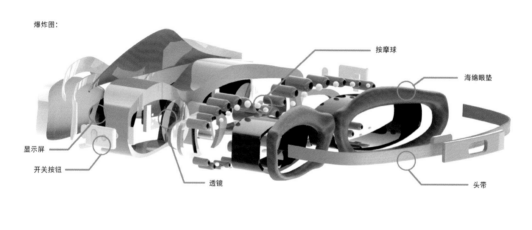

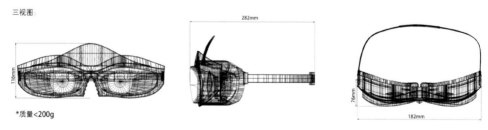

图 6.37　硬件爆炸图和三视图

　　在产品整体框架、原型和交互方式确定后，再在原型基础上进行界面设计和程序开发。首先需要确定界面的整体风格，如图 6.38 所示。App 主体色彩采用蓝色，不同明度的蓝色构成了整个交互界面的主体色彩，给人简洁大方的感觉。儿童端界面主要采用卡通设计，增加儿童的好感，让儿童乐于使用。家长端的交互界面采用简单的卡片式布局，每个功能分区简单明了，能够让父母直观地了解所需要的信息。

图 6.38　App 交互界面设计

　　根据产品的定位与功能，这款 App 名字定为 "Super Glasses"（超能眼镜），意为近视并不可怕，只要我们做好防护，就能无所畏惧。图 6.39 所示为 App 的入口界面，有儿童和家长两个角色。儿童端交互界面如图 6.40 所示，首页的顶部有勋章功能，根据用户完成的任务数，可获得勋章，以增加儿童积极性，另外界面里 4 个常规选项分别是视力游戏、小建议、健康教学和每周课堂，特别选项是真心话选项。儿童端界面设计元素统一，亲和感强。

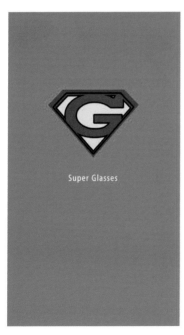

图 6.39　App 入口界面

图 6.40　儿童端交互界面

　　如图 6.41 所示为家长端界面以及部分详细的界面。家长端有五个版块，包括视力状况、专家咨询、互动社区、商城分类和设置。点击底部的 tab 栏，可以实现不同级界面之间的切换。"视力状况"版块展示目前儿童视力状况的一些数据信息，通过分析硬件设备上所采集到的有关数据，能够将数据直观地展示出来，并根据儿童目前的发育状况，在实时建议里给出相关护理、饮食等方面的建议。"专家咨询"版块里推荐所在区域附近的一些门诊场所，能够让家长携带儿童到相关地点进行专业及时的医疗服务。家长可以在"互动社区"版块里发布帖子，其他家长能够给出观点与建议。家长端界面设计风格统一，简约大气，配色稳重，响应顺畅，给用户舒适安心的视觉体验。"儿童高度近视预防护理系统"的设计，移动端与硬件端虽独立设计，但软硬件在设计风格上需保持统一。

图 6.41　家长端的详细界面

8. 程序实现

　　在完成系统设计后，需要程序工程师进行程序设计开发和硬件产品的加工制作。在程序开发的过程中，通过后台建立服务器，开始编码，并提供文档接口给前端，前端在设计的界面上进行接口调试，程序开发的过程中，需要同时对"儿童端"和"家长端"分别进行开发，并注意二者的关联性。

9.测试上线

系统开发完成，在上线之前需要经过反复大量的测试。儿童端和家长端需要分别测试，发现漏洞（Bug）后及时进行调试修复。同时，硬件端也需要进行测试评估，主要针对产品的可用性进行测试。在软件端和硬件端同时运行无误后，还需将二者结合测试，评估其共同工作时匹配度是否满足需求，确认无误后再进行发布和推广应用。

课后习题

1. 交互设计的流程：从_____、_____到概念设计、_____、_____、交互方式确定，再到视觉设计、程序实现，以及_____。

2. Web 交互系统首页导航有三种，分别是_____、_____以及_____。

3. 我国电子商务的交易模式主要分为_____、_____、_____。

4. 手绘草图的优势有哪些？

5. 原型图是厘清交互逻辑的重要表达形式，可分为低保真原型和高保真原型，两者的特点分别有哪些？

6. App 设计中常用的交互方式有_____、_____、_____、_____、_____等。